똑똑한 모험생 양육법

똑똑한 모험생 양육법

김현정 지음

스마트북스

똑똑한 모험생 양육법

초판 인쇄 2018년 1월 15일
초판 발행 2018년 1월 19일

지은이 김현정
펴낸이 유해룡
펴낸곳 (주)스마트북스
출판등록 2010년 3월 5일 | 제2011-000044호
주소 서울시 마포구 월드컵북로 12길 20, 3층
편집전화 02)337-7800 | **영업전화** 02)337-7810 | **팩스** 02)337-7811
원고투고 www.smartbooks21.com/about/publication
홈페이지 www.smartbooks21.com

ISBN 979-11-85541-68-6   13590

"양육은 속도가 아니라 방향이다."

카이스트 수석 졸업, 모범생 엄마가
아이를 모험생으로 키우는 이유

잘 다니던 대기업마저 그만두고 아이들을 키우며, 늦은 나이에 다시 대학원에서 교육학을 전공하여 석사학위를 받고, 입학사정관 교육은 물론 입시 컨설팅까지 섭렵했다. 현장교육, 교육 프로그램 개발, 학부모 상담 등 교육 분야에 종사한 세월은 '아이들을 어떻게 키워야 할까?'의 답을 찾는 분투였다. 그러나 알면 알수록, 미래가 보일수록 암담했다. 우리 집 두 아이만의 문제가 아니었다.

나는 공부가 제일 자신 있었던 알파걸이었지만, 아이를 키우는 일은 공부와 달랐다. IT애널리스트로서의 경험, 대기업 전략기획실에서 일한 경험을 통해 아이 미래의 생존역량은 오늘을 사는 우리의 생존역량과는 완전히 다를 것임을 확신했다.

한편으로는 그런 변화 속에서 과거와는 완전히 다른 새로운 기회들이 요동치고 있음을 느끼고 가슴이 떨렸다. 흔히 강의 현장에서 만나는 많은 부모들이 미래의 변화를 일자리의 위협 측면에서만 보지만, 나의 관점은 좀 다르다. 부모가 좋은 멘토가 되어준다면, 공부만 잘하는 아이, 또는 공부에 별 관심 없는 아이 모두에게 지금의 변화는 새로운 기회가 될 수 있다. 그런데 문제는 우리 부모들의 양육 방향과 태도였다.

그렇다면 우리 아이, 어떻게 키울 것인가. 능동적이고 주체적이며 혁신적인 답이 필요했다.

어떻게 키울 것인가

지난 10여 년간 상담과 강의를 통해 수만 명의 학부모들을 만나고 그들의 고민을 들어왔다. 그중 몇 가지를 소개해본다.

— 3세 딸을 가진 엄마입니다. 인공지능의 시대, 미래사회에 대비하는 아이로 키우려면, 부모가 어떻게 준비해야 할까요?

— 아이는 7세예요. 학원 키드로 키우고 싶지 않아요. 그런데 어떻게 해야 할지 모르겠어요.

— 초등학교 5학년인데 아무래도 공부머리는 아닌 듯해요. 우리 아이, 어떻게 키우면 될까요?

— 중학교 2학년이에요. 공부를 엄청 잘하는데 배구가 꿈이랍니다. 아이의 꿈이 너무 강하니 외면을 못하겠네요. 지금 배구를 시작해서 뛰어난 배구선수가 될 수 있을까요? 늦었겠죠? 배구선수가 못 된다 해도, 배구를 통해 다른 기회를 찾을 수 있을까요? 우리 사회는 그동안 그나마 공부가 돌파구였는데, 미래에는 다를까요?

제각기 사연은 다르지만, 분명한 것은 우리가 배운 대로 가르치고 아는 대로 키울 일이 아니라는 점이다. 사회 곳곳에서 이미 혁명이 시작되었는데, 우리는 다가올 미래에 대해서 치열하게 고민하지 않고, 여전히 스카이 명문 대학 입성을 꿈꾸며 사교육에 목을 매고 있다. 정확하게는 부모들이 아직 무엇을, 어떻게 해야 할지 모르는 것 같다. 내가 해줄 수 있는 조언에서 공통적인 것은 바로 아이를 '모험생'으로 키우자는 것이다.

모범생들은 규격 안에서 최선의 답을 만들도록 키워진 아이들로 정해진 틀을 깨려고 하지 않는다. 학교를 졸업하면 당연히 취업하고 월급쟁이의 최고봉인 임원을 꿈꾼다. 지금까지는 이것이 우리 사회가 원하는 엘리트상이었지만 미래에는 아니다.

모험생은 궤도를 이탈하는 것을 두려워하지 않고, 규범과 규칙을 좋아하지 않는다. 그들은 위험을 피하지 않고 순종을 싫어한다.

뒤에서 자세히 소개하겠지만, 나는 모험지능과 관련하여 아이들과 학부모를 대상으로 심층면접을 진행한 바 있다. 분명한 것은 모험생으로 자란 아이들은 행복감이 더 높다는 것이다. 앞으로 미래는 모험생들이 열어 갈 것이며, 기업 또한 모범생이 아니라 모험생을 더욱 선호하게 될 것이다. 그렇다면 모험생은 어떻게 키워야 할까?

양육은 속도가 아니라 방향

대한민국 부모들은 모범생을 키우는 방법에는 익숙하다. 수십 년 동안 우리 교육은 모범생을 키우는 데 주력해왔기 때문이다. 실제로 아이가 모범생으로 자라든 아니든 간에, 일단 적어도 모범생으로 키우는 방법 몇 개쯤은 알고 있다. 하지만 대한민국 부모들은 아이를 모험생으로 키우는 방법에 대해서는 문맹이나 다름없다.

"모험생으로 어떻게 키우라는 거죠? 요즘 아이들 일상에 모험이 얼마나 있겠어요?"

이렇게 반문하는 이가 있는데 그렇지 않다. 부모가 어떻게 키우느냐에 따라, 같은 일상 속에서도 아이가 긍정적인 힘을 가진 모험생으로 자랄 수 있다. 한 예를 들어보면 두려움에 대한 태도이다. 여러분도 반문해보기 바란다.

"나는 아이에게 자신감보다 두려움을 먼저 가르치지 않았는가?"

나는 수많은 학부모들에게 강의를 하면서 이 질문을 해왔다. 그리고 "아이에게 실패에 대한 두려움부터 가르쳤어요."라고 고백하는 부모들을 수없이 만났다. 아니, 대부분의 부모들이 내 질문에 '두려움부터 먼저 가르쳤음'을 느끼며 수긍했다.

'양육은 속도가 아니라 방향이다.' 부모가 어떤 지향점을 가지고 어떻게 키우느냐가 중요하다. 또한 교육은 '아이의 삶에 대한 태도'를 만드는 것이다. 이 책은 다가올 미래에 기회를 열어가는 행복한 모험생을 키우는 양육법을 설명하고 있다. 또한 초보 엄마가 진짜 엄마가 되어가는 좌충우돌 과정을 담았다. 회사일밖에 몰랐던 부모 문맹 엄마가 경험한 시행착오를 교육학 관점에서 연구하고 학부모들과 소통할 길을 찾고자 노력했다.

나는 아이와 매일 행복한 시간을 보낼 수 있다는 믿음으로 '모험생 키우는 부모4.0'을 시작했다. 기존의 교육대로 아이들을 키워서는 안 된다는 생각으로 오늘의 교육을 올곧게 되돌아보고 사회적 편견과 싸우고 있다. 4차 산업혁명 이후를 대비하며 아이들을 키우고 싶은 부모들이 모이는 나루터가 되고 싶다. 이것은 어떤 한 사람만의 힘으로 될 일이 아니다. 그래서 이미 '모험생 키우는 부모4.0'을 통해 금융전문가, IT전문가, 인문학자, 예술가 등이 부모 멘토로서 '지식과 경험의 나눔 홈스쿨링'에 함께 참여하고 있다.

아이는 직선으로 성장하지 않는다. 곡선으로 자란다. 그 곡선의 기울기가 모두 다르기 때문에 독특하고 아름다운 존재이다. 직선을 기준으로 아이를 내몰아서도 안 되고, 평균을 기준으로 줄 세워서도 안 된다. 아이가 지치지 않고 용기를 내어 나가도록 보듬을 수 있는 품을 키우는 게 부모의 몫이다. 그래서 부모가 제대로 공부해야 한다.

아이가 어린이집에 가고 대학을 졸업하기까지 길어야 10여 년이다. 사춘기를 포함한 그 시간을 어떻게 현명하게 걸어가야 할지 부모4.0은 함께 고민하고자 한다.

미래에 대한 흔들림 없는 믿음

초보 엄마 시절, 이론서보다 일상에서 일어나는 경험과 충고를 쓴 글이 더 도움이 되었다. 그래서 교과서적 격언이 담긴 무거운 책보다는 아이와의 일상에서 당장 펴볼 수 있는 책을 쓰고 싶었다. 무엇보다 미래교육의 관점에서 두 아이를 키우며 경험한 시행착오의 성과를 공유하고 싶었다. 아이가 인생의 주체로서, 그리고 학습의 주체로서 당당히 설 수 있게 해주는 교육에 대한 간절한 마음을 담았다.

첫째인 딸아이는 인문학에 관심이 많고 사법부와 입법부를 고민하며 진로를 준비 중이다. 출중한 리더십과 자기관리로 초등학생 때부터 눈에 띄는 리더로 자라왔다. 둘째인 아들은 좌충우돌하며 자라는 중학생이지만 사업기획서를 작성하고 계약서를 쓴 미래의 CEO로 자라고 있다. 두 모험생과 그들의 미래에 대한 흔들림 없는 믿음이 내 삶의 원천이다. 항상 격려해준 아들과 냉철한 피드백을 아끼지 않은 딸 덕분에 이 책이 세상에 나올 수 있었다.

우리 집 아이들은 부모만의 노력으로 자라지 않았다. 사랑으로 품어준 선생님들, 성장의 고비마다 함께 해준 회사 선후배들, 현장에서 수백 명의 아이들을 키워낸 베테랑 원장님들과 같이 키웠다. 멘토들의 조언과 격려 덕분에 엄마인 내가 바로설 수 있었다. 마지막으로, 끝없는 사랑으로 손주들을 품어준 아버지와 어머니, 그리고 우리 아이들에게 이 책을 바친다.

2018년 1월 10일

김현정

부모 문맹
진단 테스트

01 아이의 경제 교육을 주 1회 이상 하고 있다. (○, ×)

02 아이를 행복하게 하는 법을 하나 이상 알고 있다. (○, ×)

03 아이의 습관을 쉽게 정착시키는 방법을 하나 이상 알며 실천하고 있다. (○, ×)

04 아이의 핸드폰을 검열하고 압수하지 않는다. (○, ×)

05 명문 대학 입학 등 스펙이나 대학 졸업장은 향후에는 무의미하다고 생각한다. (○, ×)

06 독서는 1,000권을 읽기보다는 1권을 제대로 읽어야 한다고 생각한다. (○, ×)

07 동기부여를 위해 용돈을 올려주거나 게임시간을 늘려주는 방식을 쓰지 않는다. (○, ×)

08 아이가 몰입할 수 있는 아이템을 게임 말고 하나 이상 알고 있다. (○, ×)

09 아이가 시련이나 실패를 통해 성장한 경험이 있다. (○, ×)

10 학원 선행을 과다하게 시키지 않는다. (○, ×)

11 아이와 꿈이나 진로에 대해 1시간 이상, 3회 이상 심각하게 논의한 적이 있다. (○, ×)

12 아이에게 4차 산업혁명에 관해 설명해줄 수 있는 수준이다. (○, ×)

13 매일 신문을 읽는다. (○, ×)

14 아이가 주 1회 이상 고정적으로 하는 운동 프로그램이 있다. (○, ×)

15 아이의 성장 패턴이 계단식이 아님을 알고 있다. (○, ×)

16 아이의 자유시간은 엄격히 지켜준다. (○, ×)

17 유치원 선택, 또는 학원이나 주간 시간표 등의 의사결정을 아이에게 맡기는 편이다. (○, ×)

18 사건, 사고가 나면 아이에게 먼저 자초지종부터 묻는다. (○, ×)

19 아이가 학교에서 돌아오면 하던 일을 멈추고 눈을 맞춰준다. (○, ×)

20 아이 숙제를 대신 해준 적이 없다. (○, ×)

21 공부하라고 잔소리하지 않는다. (○, ×)

22 창업에 관심이 많고 창업을 해볼 생각이 있다. (○, ×)

23 아이의 재능은 훈련될 수 있다고 생각한다. (○, ×)

24 아이가 앞으로 변화하며 무엇이든 될 수 있다고 생각한다. (○, ×)

25 아이를 모범생이 아니라 모험생으로 키우고 싶다. (○, ×)

테스트 결과

* '그렇다'고 대답한 개수를 세어보자.

22개 이상
축하합니다! 당신은 최고의 모험생 부모 멘토입니다. 모험생 부모는 꾸준히 발전하는 것이 중요하니 이 책을 통해 지식을 업데이트해주세요.

18개 이상
좋은 부모 멘토입니다. 이 책을 통해 모험생 부모로서 막연했던 부분들을 확실하게 잡아보세요.

14개 이상
당신은 모험생 부모의 가능성이 충분합니다.

10개 이하
당신은 모험지능부터 높여야 합니다.

5개 이하
당신은 부모 문맹입니다. 이 책을 통해 모험생 부모로 거듭나보세요.

아이의 모험지능
진단 테스트

* 우리 아이는 모험지능이 얼마나 될까? 아이에게 아래의 질문을 가벼운 마음으로 풀어보게 하자.
'그렇다'는 ○, '아니다'는 ×에 체크하자.

01 나는 안정된 규범 속에서 생활하는 것보다 자유로운 생활이 좋다. (○, ×)

02 나는 익숙한 것보다는 새로운 것을 좋아한다. (○, ×)

03 나는 운동을 좋아하고 선수급으로 잘하는 운동이 하나 이상 있다. (○, ×)

04 나는 행복한 사람이라고 생각한다. (○, ×)

05 나는 친구들과도 잘 놀지만 혼자 노는 것을 더 좋아한다. (○, ×)

06 나는 낯선 여행이나 모험 같은 경험을 좋아한다. (○, ×)

07 나는 상대방의 마음을 쉽게 이해하는 편이다. (○, ×)

08 나는 스티브 잡스나 빌 게이츠 같은 창업가가 되고 싶다. (○, ×)

09 나는 어른이 되면 세상을 바꾸는 일을 하고 싶다. (○, ×)

10 나는 내가 하고 싶은 일은 절대 포기하지 않는다. (○, ×)

11 나는 학원이나 수업 등 스스로 시간표를 관리한다. (○, ×)

12 나는 책상, 잠자리 등 주변 정리를 스스로 한다. (○, ×)

13 나는 엉뚱하다는 소리를 종종 듣는다. (○, ×)

14 나는 무슨 일을 하다가 너무 집중해서 밤을 샌 적이 있다. (○, ×)

15 나는 실패하거나 상처를 받아도 훌훌 털어내는 편이다. (○, ×)

테스트 결과

* 아이가 '그렇다'고 대답한 개수를 세어보자.

12개 이상 당신의 아이는 최고의 모험생입니다.   8개 이상 당신의 아이는 모험생입니다.
8개 미만 당신의 아이는 모험생이 되기 위해 노력이 필요합니다.   5개 이하 당신의 아이는 모범생입니다.

Contents

Part 04
학교 공부보다 인생 공부가 우선이다

Part

어떻게
키울 것인가

"남들이 할 수 있거나 하려는 일을 하지 말고,
남들이 할 수 없거나 하지 않으려는 일을 하라."
—아멜리아 에어하트

모험의 자유를 허하라

어느 날, 현관문 소리에 놀라 잠이 깼다. 이 새벽에 무슨 일인가 싶어 서둘러 나와보니, 둘째가 장비를 갖추고 자전거를 가지고 밖으로 나가고 있었다. 새벽 4시, 해도 뜨기 전이었다. 아이는 식구들을 모두 깨운 게 멋쩍은지 웃으며 말했다.

"엄마, 저 해돋이 보고 올게요."

얼마나 가고 싶었으면 아침잠 많은 아이가 이렇게 일찍 일어났을까 싶어 막을 수 없었다. 새벽녘 깊은 어둠에 나선 아이가 걱정되어 거실에 서서 기다렸다. 아이는 집을 나간 지 2시간쯤 지나 새벽 6시가 넘어 돌아왔다. 한강변 대교를 한 시간 달려 해돋이를 보고 왔다고 한다.

자전거 라이딩을 몹시 좋아하는 둘째는 초등학생 때부터 자전거를 타고 해돋이를 보고 싶다고 했다. 초등학생으로는 어림도 없는 일이라 엄격히 금지했고, 매일 졸라대기에 중학교에 입학하면 허락해주겠다고 했더니 첫 여름방학을 손꼽아 기다린 모양이다. 이른 새벽, 같이 갈 친구도 없거니와 어른이 함께 나가기도 쉽지 않은 시간, 아이는 결심을 하고 혼자서 해냈다.

볼이 발갛게 상기되어 돌아온 둘째의 후련한 듯 웃는 얼굴을 보니 화를 낼 수도 없고, 한편으로는 대견했다. 마침내 해냈다며 이젠 자야겠다며 방으로 들어가는 걸 보니, 얼마나 걱정했는지 내색할 수도 없었다.

아이는 자전거를 타면서 사색을 한다. 학교에서 받은 성적 스트레스, 친구들에 대한 고민도 풀어낸다. 영어 수행평가 발표문을 보니, 자전거를 타고 달리며 느끼는 바람과 햇살과 거리의 풍광을 좋아한다고 했다. 자전거를 타며 듣는 음악이 자신을 정화시킨다고, 자신이 보고 느끼는 것을 엄마에게 보여주고 싶다고 했다.

이제 아이는 자전거로 사업을 배운다. 숙박 공유 플랫폼 에어비앤비가 공유경제의 모델이 되었듯이, 아이는 자전거나 자동차를 이용한 공유경제에 관심이 많다. 자전거 공유 플랫폼으로 미래사업을 탐색하고 플라잉자동차에 매료되어 있다. 학교 공부는 마지못해 따라가지만, 미래의 사업가로서 질주하는 아이의 내일이 궁금하다.

스티브 잡스와 빌 게이츠는 차고에서 꿈을 키웠다. 나는 아이의 꿈을 위해 앞 베란다를 내주었다. 그 곳에는 자전거 플랫폼 사업을 꿈꾸는 둘째의 꿈이 자라고 있다.

모범생 중의 모범생으로 살았지만

나는 둘째가 학교 공부에 밀린다고 크게 걱정하지 않고, 공부하라고 강요하지도 않는다. 나 자신이 모범생 중의 모범생으로 살았기에 그 한계를 누구보다 잘 알기 때문이다. 아울러 좋아하는 일을 찾아 행복하게 살면, 그리고 사회에 선의의 가치를 제공하면 성공은 따라오는 것을 수없이 보았기 때문이다. 모범생으로 살아온 인생에 후회가 많기에 아이에게 모험의 자유를 일찍 가르쳤다.

부모가 원하는 모범생으로 스무 해 이상을 참고 견디다가 뒤늦게 폭발한 사람들을 어렵지 않게 만날 수 있다. 부모가 에듀퓨어로 살면서 수억 원의 사교육비를 들여 서울대에 보냈더니 취업에는 관심이 없고 뒤늦게 여행작가가 되겠단다. 노후를 은행에 잡히고 의대에 보냈더니 미술을 하겠다고 해서 몸져눕는 것을 본 적도 있다.

부모들은 두 모범생들의 일탈에 배신감을 느끼지만, 나는 20세 총총한 모험가들의 선택에 차라리 안도했다. 앞으로 80년을 더 살아야 하는 인생 아닌가. 40, 50대가 되어서도 자신이 무엇을 하며 살고 싶은지조차 모르는 것보다는 낫지 않은가. 언젠가 부모도 그들의 선언을 이해하리라.

평생 하고 싶은 일을 미뤄야 할 이유가 없다. 그럼에도 지금은 공부해야 할 때라는 명분으로 아이에게 희망은 뒤로 미루라 한다. 그러나 아이가 하고 싶은 일을 맹렬히 찾아야 하는 때는 바로 지금이다.

교육 위기, 무엇을 어떻게 가르쳐야 하는가

대한민국의 간판 대기업에서 잘나가던 전성기의 커리어우먼이 돌연 사표를 던졌다. 회사는 수년간 여러 번 복직 기회를 주며 설득했지만 끝내 돌아가지 못했다. 10년간 어렵게 만든 스펙과 독하게 쌓아올린 경력, 임원으로 성장할 기회를 모조리 내던질 만큼 나는 절박했다. 아픈 두 아이를 품에 안은 채 머릿속에는 온통 잘 키워야겠다는 생각뿐이었다. 당시 3세와 돌쟁이였던 아이들은 어느새 훌쩍 컸다.

요즘 그때의 나만큼이나 절박한 부모들을 본다. 아이를 잘 키우고 싶은데, 무엇을 어떻게 가르쳐야 할지, 부모는 속이 탄다. 절박한 부모 앞에서 학교도 국가도 어떻게 키워야 할지 모른다고 한다.

오늘의 교육으로 내일을 준비할 수 없다

미래는 이미 우리 곁에 와있다. 4차 산업혁명은 아이가 커서 만날 먼 미래가 아니라 이미 만나고 있는 현실이다. 그렇다면 인공지능 시대는 우리 아이의 삶에 어떤 영향을 줄까?

2013년 영국 옥스퍼드대학은 앞으로 10~20년 사이에 현재 직업 중 약 47%가 사라질 것이라는 보고서를 발표했다. 2년 뒤 발표된 유엔의 보고서는 의사, 변호사 등의 전문직들도 고위험군 직업이라고 경고했다. 이듬해 다보스포럼(세계경제포럼)에서 경제학자 클라우스 슈밥은 앞으로 약 700만 개의 직업이 사라지고, 약 200만 개의 신종 직업들이 생길 것이라고 예측했다.

부모들은 고득점을 위한 공부와 기술만 육성하는 오늘의 교육 시스템으로 미래역량을 키울 수 없을 것이라는 아픈 진실과 맞닥뜨리고 있다. 하지만 여전히 아이들은 없어질 직업과 쓸모없는 지식을 위해 공부하고 있다. 모든 것이 혼란스러운데 아무도 답을 이야기해주지 않는다. 딱히 답이 없으니, 하던 대로 아이를 키울 수밖에 없는 부모의 답답함도 커지고 있다.

한편, 핀란드는 '노키아 쇼크'를 넘어서 창업국가로 재도약 중이며, 세계 최고의 교육 시스템을 가졌음에도 끝없는 교육혁신을 진행하고 있다. 중국의 청년들은 취업이 아니라 창업을 일차적 목표로 한다. 1세대 벤처의 성공모델인 알리바바의 마윈 회장은 창업사관학교를 설립했으며, 청년 둘 중 하나는 창업을 생각하고 있는 창업국가의 모델이 되고 있다.

세상의 변화 속도는 점점 빨라지고 있고, 기존의 성공공식은 적용되지 않는다. 전 세계에서 교육혁신이 진행되는데, 우리 교육만 뒤처지는 듯해서 나는 점점 조급증이 일었다.

나는 20여 년 전 컴퓨터, 인터넷으로 대표되는 3차 산업혁명의 첨병으로 일을 시작했기에, 미래의 파격적이고 혁신적인 변화가 두렵기도 하지만, 한편으로는 기대도 크다.

분명한 것은 우리가 배운 대로 가르치고, 아는 대로 아이들을 키울 일이 아니라는 점이다. 사회 곳곳에서 이미 혁명이 시작되었는데, 우리는 직면할 진짜 미래에 대해서 치열하게 고민하지 않고 여전히 명문 대학 입성을 꿈꾼다.

"한국 학생들은 미래에 필요하지 않은 지식과 존재하지 않을 직업을 위해 매일 15시간씩이나 낭비하고 있다." 미래학자 앨빈 토플러의 비판 이후 벌써 10년이 지났지만, 아이들의 현실은 바뀌지 않았고 부모의 의식은 과거에서 벗어나지 못하고 있다.

아이를 키우려면 교육학, 심리학 등 여러 분야의 책도 읽어야 하고, 입시 관련 강연도 가야 하고 학원 상담도 받아야 하고 학교도 가야 한다. 주변에 엄마들의 '~카더라' 통신도 넘쳐난다. 일부 학원의 마케팅과 컨설팅 시장에서 이론을 부풀려 포장하니 진위를 가려야 할 것도 많다. 이런 시대에 부모 문맹을 깨자는 소리가 도움이 될 수 있을까 고민이 많았다. 그러나 세계는 이미 창의인재를 육성하는 체제로 돌아서고 있는데 더 이상 지체해서는 안 된다는 생각이 들었다.

교실에서의 모험적 시도

학교의 현장도 많이 달라지고 있으며 다양한 교육방식이 시도되고 있다. 한 예가 '거꾸로 교실'이다. 나는 거꾸로 교실이 이슈가 되기 전인 2010년에 이와 관련된 수업교안과 교구, 학습법을 개발한 바 있다. 수동적인 아이를 능동적 학습자로 길러내기까지, 아이들이 진짜 공부가 무엇인지 터득해나가는 과정을 지켜보는 것은 무척 보람 있었다.

기존에는 교실에서 수업을 받은 후 집에서 숙제를 하지만, 거꾸로 교실은 미리 집에서 공부하고 교실에서는 아이들이 주체가 되어 능동적으로 토론과 발표를 통해 협업수업을 한다.

이를테면 영어의 경우 교사가 외워야 할 영단어를 하루 5개씩 정해주어도 아이들은 잘 실천하지 않는다. 그런데 방법을 바꾸어 하루에 몇 개씩 외울지 정하라고 하자, 외울 단어의 수는 저마다 제각각이었지만 숙제를 해오는 수준은 확연히 올랐다. 여기에 경쟁 시스템을 만들어 어휘 학습량의 누적치를 계수해서 벽에 붙였더니, 하루에 50개씩 외우는 아이들이 나타났다. 이처럼 자율성이 보장된 내적 동기는 기적을 낳는다.

게다가 영어 공부가 자신의 꿈에 어떤 도움이 될지 생각하게 했더니 학습 효과가 더욱 커졌다. 사과나무 포스터에 자기 꿈을 그리는 캠페인을 한 바 있다. 나주의 서빈이는 축산업을 하는 부모의 일을 도와 가업을 잇고 국제화하겠다고 적었다.

3년 후 낭보가 전해졌다. 중학생이 되어서야 영어를 시작했던 서빈이가 장학생으로 축산고에 합격했다는 것이다. 과학고, 영재고에 합격한 최우등생들의 소식보다 대견하고 고마운 소식이었다. 서빈이에게는 매일 축사에서 부모의 일을 돕는 것이 진짜 진로 공부였고, 책상머리 공부는 그중 일부였다. 참고로 농업과 축산업은 국가 정책사업들로, 앞으로 스마트팜과 스마트농부는 각광받을 플랫폼 기반 사업이다. 자신의 주관대로 당차게 꿈을 향해 뛰고 있는 서빈이의 미래가 더욱 기대되었다.

아이의 꿈은 명문대에 들어가 졸업한 후에 이뤄지는 것이 아니라, 오늘의 현실 속에서 만들어지는 것이다. 따라서 좋아하는 일을 하루 1시간이라도 매일 하는 아이로 키우는 것이 낫다. 하고 싶은 일을 하는 것이기에 아이의 시계는 멈추지 않을 것이며 미래가 완전히 달라질 것이다. 어른이 되기 전에 이미 1인기업으로 성장할 수도 있을 것이다. 공부도 인생도 시간이 아니라 방향이 중요하다.

아이 교육의 좌표를 이동하라

10년의 산업 전략 분석, 이후 10년의 교육정책 연구 끝에 내린 결론은 기존의 모든 교육법을 원점부터 다시 검토하고 혁신해야 한다는 것이다.

2017년 정부가 중학교 3학년생부터 대입제도를 바꾸겠다고 했을 때, 많은 학부모들이 당혹스러워하며 반대했다. 공부만 목표로 달려왔는데, 바뀌는 대학 입시를 어떻게 준비할지 모르겠다는 것이다. 결국 정부는 혼란을 방지하기 위해 1년 유예를 발표했다.

하지만 부모들이 잘 몰랐을 뿐이지, 정부는 이미 느린 속도지만 미래인재 양성이라는 목표를 향해 움직여왔다. 자신의 생각을 논리적으로 표현하고 창의적 콘텐츠를 생산해낼 수 있는 인재 말이다. 이에 따라 수능을 비롯한 학생부종합전형 등 대입평가 및 선발 방식은 매해 바뀔 수밖에 없다.

한편 부모가 미래교육에 대한 이해가 부족하다 보니, 사교육의 공포 마케팅에 여전히 민감하게 반응하며 끌려다니고 있다. 사교육 없이 아이들을 키울 수 있는 방법은 정녕 없는 것일까? 아이들이 스스로 학습의 주체가 되는 법을 찾을 수 없을까? 아이들이 학원 감옥생활을 끝내고 행복하게 살 수 있는 교육은 불가능한 것일까? 미래교육의 대안은 없는 것일까?

미래를 못 보는 부모는 '교육 문맹'이 된다

거대한 변화를 가져올 미래와 오늘의 교육격차 속에서 대한민국의 부모들은 '교육 문맹'이 되어버렸다. 아이들이 미래를 위해 진짜 공부를 하도록 도와주어야 하는데, 멘토가 되어야 할 부모들이 세상의 혁신적 변화 속도를 따라가지 못하고 있는 것이다.

대한민국의 교육 패러다임을 바꾸지 않는 한, 고스펙을 위한 명문대와 전문직을 향한 질주를 버리지 않는 한 이런 문제는 해결되지 않을 것이다.

나는 좀 더 솔직하게 마음을 열고 과감하게 교육 문제를 이야기하기로 했다. 국가의 교육정책과 현행의 학교 시스템을 바꾸는 데 시간이 걸린다면, 풀뿌리 가정들이 모여 변화를 끌어낼 수 있지 않을까.

나부터 시작하기로 마음먹었다. 공부 잘하는 방법이 아니라 아이에게 인생의 주권을 돌려주는 교육, 행복하게 사는 교육을 세우고 싶었다. 현장에서 만난 수만 명의 부모들, 교사들까지 합심하면 변화를 이끌어낼 수 있다고 생각했다.

교육의 좌표를 이동하라

나는 내가 알고 배웠던 기존의 모든 교육이 틀렸다는 가정에서 출발했다. 카이스트를 수석 졸업하여 평생을 모범생으로 살아왔지만, 나부터 명문대 입시를 향한 고색창연한 교육관을 버리고 새로운 교육관으로 무장해야 했다.

로버트 기요사키는 『왜 A학생은 C학생 밑에서 일하게 되는가, 그리고 왜 B학생은 공무원이 되는가』에서 현실세계의 직업을 크게 3가지로 나누었다. A학생(academics, 학자형), B학생(bureaucrats, 관료형), C학생(capitalists, 자본가형)이다. 그리고 지금까지 학교는 왜 우리 아이들을 피고용인인 학자형과 관료형으로만 훈련시키느냐고 반문했

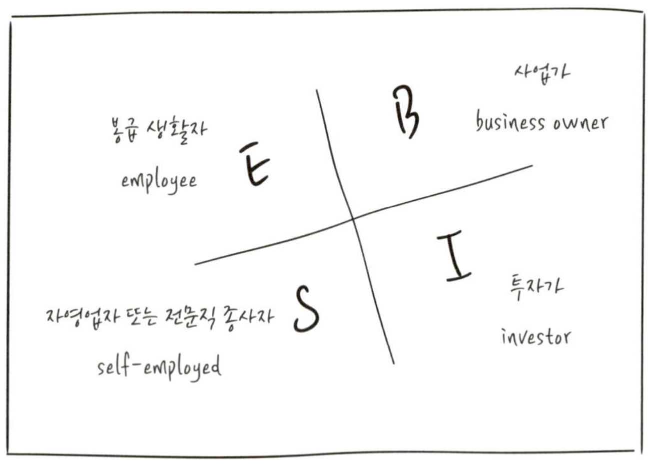

다. 아울러 직업을 월급쟁이, 자영업자 또는 전문직, 사업가, 투자가의 사분면으로 나누었다.

나는 가정에서의 교육 목표부터 혁신했다. 스펙을 위한 명문대 진학, 명문대 졸업 후 월급쟁이와 전문직의 삶을 넘어, 교육의 좌표를 사업가와 투자가의 분면으로 이동시켰다.

세상이 보기에 우리 집 두 아이는 공부 잘하는 엄친딸과 사건, 사고가 끊이지 않는 문제아 아들이다. 하지만 엄마의 눈으로 고백하자면, 공부 잘하는 딸은 비판적 사고를 가진 미래의 진보사상가이자 예비 투자가이며, 문제아 아들은 착실히 자기 사업을 준비 중인 꼬마 창업가이다. 두 아이 모두 창업가와 투자가의 삶을 겸비하도록 키우고 있다.

아이들은 큰 변화를 겪으며 적응해가고 있지만, 아직 학교와 사회는 이러한 변화를 보듬어줄 수 없기에 많은 시행착오를 겪었다. 그리고 수년의 시행착오를 겪으며 내린 결론은 부모가 먼저 모험가가 되어야 한다는 것이다.

서울대 A+ 답안지에는
창의력이 포함되지 않는다

외국유학을 다녀왔는데도 영문 이메일 하나 제대로 못 쓰는 직원이 있었다. 보고서 하나 못 써서 일일이 가르쳤지만, 고쳐준 내용조차 제대로 수정을 못해서 난감한 적이 한두 번이 아니었다. 그나마 다행인 점은 다른 직원들에 비해 다소 창의적이라는 점이었다.

그런데 요즘 신입사원들은 창의력마저 소진된 경우가 많다. 시키는 일은 하는데, 새로운 아이디어를 담은 제안서를 써오라고 하면 전전긍긍하고 마무리하지 못한다. 책과 자료를 검색하고 요약하는 리포트만 써보고, 받아쓰기식 시험공부에만 익숙해진 덕분이다. 도대체 대학에서 무엇을 배우고 무엇을 가르치나 싶다.

서울대에서는 누가 A⁺를 받는가

서울대에서 학점 4.0 이상의 고득점을 받는 학생들은 다른 학생들에 비해 무엇이 어떻게 다를까? 이혜정 소장의 『서울대에서는 누가 A⁺를 받는가』는 대한민국에서 가장 똑똑하다는 사람들이 모인 서울대 학생 1,100명을 심층조사한 교육 탐사 프로젝트이다. 그런데 안타깝게도 조사 결과, 서울대에서 A⁺를 받기 위해서는 능동적이고 비판적인 사고는 버려야 했다.

A⁺를 받은 학생들은 수업에 녹음기를 들고 들어가고, 시험지에 수업시간에 들은 내용을 그대로 적은 답안지를 제출한다고 고백했다. 교수의 생각과 반대되는 주장을 적거나 비판적인 자신의 생각을 적어내서는 결코 좋은 학점을 받을 수 없다고 말했다. 독창적이고 창의적인 생각을 드러낼 수 없다는 것이다.

딸아이가 다니는 중학교에서 중간고사의 과학 시험을 오픈북으로 치른 적이 있다. 고등학교 입시에 반영되는 중간고사에서 대학에서도 많이 활용하지 못하고 있는 오픈북 평가를 시행했다는 점이 놀라웠다. 교육혁신을 위한 좋은 시도였고, 학교장과 교사의 결단이 용감했다.

그런데 오픈북 시험을 처음 접한 아이들은 당황하여 시험을 제대로 치르지 못한 경우가 속출했다. 문제 자체를 이해하고 자기 생각을 쓰려면 사고력이 필요했기 때문이다. 과학학원에서도 논술학원에서도 가르쳐주지 않는데 어떻게 공부해야 할지 모르겠다고들 했다. 학교에서 생각하는 힘, 창의력을 키우는 법을 훈련하지 않는데, 평가로

이를 측정하려고 하니 제도와 주체 간의 격차가 발생하는 것이다.

최상위 고등기관인 대학교나 이를 받쳐주고 있는 중고등학교에서 수용적 사고만을 평가하고 있으니 선진적인 평가제도들이 그림의 떡인 셈이다.

한국에선 장학생, 미국에선 낙제점?

세계의 명문 대학들은 학생들의 시험지를 어떻게 평가하고 있을까? 입학시험을 살펴보면, 프랑스는 과목별 논술형 시험인 바칼로레아를 치러야 하고, 미국은 에세이를 제출해야 한다. 독서와 경험을 토대로 자신의 생각을 논리적으로 표현할 수 있어야 하며, 내용도 독창적이고 비판적이어야 좋은 점수를 받는다. 평상시 생각하고 쓰는 훈련을 해두어야 합격할 수 있다. 입학 시점부터 교육 목표와 평가 방식이 우리와는 확연히 다르다.

미국에서 유학 중 정치사상사의 첫 시험을 본 후 담당 교수의 호출을 받았다. 교수의 책상 위에는 온통 빨간펜 교정이 가득한 내 시험지가 놓여 있었다.

"교과서 내용이 아니라 당신의 생각을 적으세요."

내가 시험지에 적은 내용은 모두 책에 인쇄되어 있는 내용이고, 교수가 궁금한 것은 그 문제에 대해 '내가 어떻게 생각하는지, 어떤 관점을 가지고 있는지'라고 했다.

한국 대학에서는 항상 최고점만 받았는데, 미국 대학에서 치른 첫 시험에서 낙제점을 받았다. 그런데 다음 시험부터는 나의 허접한 생각이 과연 답이 될 수 있을까 전전긍긍하며, 그저 나름의 내 생각을 썼는데도 A⁺를 받았다. 마지막 시험에서는 동양사관에 입각한 철학적 해석을 붙여 독창적 정치철학관을 정리했다며 크게 칭찬을 들었다. 한 학기 만에 일어난 변화였다.

그 교수는 현실에 입각하되 과거를 아우르고, 비판적으로 오늘을 바라볼 때 미래에 변혁을 가져올 수 있다고 강조했다. 캘리포니아의 작은 대학이었지만, 학교는 전공과 상관없이 비판적이고 창의적 사고를 최우선으로 평가했다.

그런데 대한민국 최고 명문 학부의 답안지에는 창의성이 자라날 틈이 없었다. 앞에서 말했듯, 서울대 최우등생들은 인터뷰를 통해 '즐기는 공부'가 아니라 '견디는 공부'를 하고 있다고 고백했다. 생각하지 않아야 최고 학점을 받을 수 있다고 말했다. 비판적이고 창의적 사고력은 고학점을 받으려면 버려야 할 장애물이었던 것이다. 국내 최고 학부마저 이렇다면 우리는 어디에서 창의성을 찾아야 할까.

왜 공부할수록 가난해지는가

"공부는 제일 못했는데 갸가 효도한다." 막내 여동생을 두고 하는 아버지의 말이다. 막내는 마흔이 다 되어 결혼한 새댁이지만, 서울과 지방은 물론 해외 지점까지 운영하고 있는 중견기업체의 사장이다.

대학원에 유학까지 가방끈을 늘리며 공부만 한 큰딸인 나와, 일찍 자기 일을 시작한 막내딸의 20년 후 현재의 자산 성적표는 비교가 불가능한 수준이다. 막내는 간판이나 스펙은 3남매 중 가장 밀리지만, 하루 현금 운영자금만 억대에 이르고 결혼 전부터 부동산 공부를 하고 투자를 했으니, 미래 자산가치를 고려하면 나와 비교할 바가 아니다. 나는 어려서야 부모님의 콧대를 세워드리는 고스펙의 보유자였지만, 돈 버는 능력은 형편없었다.

막내는 일찍 독립했고, 어린 나이에 시작한 사업으로 다양한 경험을 쌓아나갔다. 일찍 사업을 시작하여 사장이 되었고 사업자 간의 인맥도 쌓았다. 리더가 되어 조직을 운영하고, 회계와 재무는 회사를 만들고 운영하면서 배웠고, 무역을 하면서 영어공부도 바지런히 했으며, 세금이 늘어나자 절세를 위해 세무 공부를 했다. 학교를 졸업하고 난 후에 더 많이 공부하는 전형적인 사업가의 인생을 살고 있다.

앨빈 토플러는 『부의 미래』에서 21세기의 문맹은 "읽고 쓰지 못하는 사람이 아니라 새롭게 배우지 못하는 사람"이라고 했다. 그런 면에서 보면 한때 고학력, 고스펙에 젖어 책상머리 공부만 해온 나보다, 자신의 꿈을 향해가며 끊임없이 필요한 공부를 찾아 계속해왔던 막내가 진짜 공부를 하고 있었던 셈이다.

수석 졸업생이 마흔 넘어 다시 공부한 이유

20대에 대학에서 불어를 전공했지만, KAIST 경영대학원에서 컴퓨터 공학과 경영학을 함께 다루는 MIS 경영정보학과에 입학했다. MBA 재학 기간 중에 데이터베이스와 코딩 프로그래밍까지 섭렵했고, 경영학 교과목들인 경영 전략이며 마케팅, 재무분석까지 A^+를 받으며 수석 졸업했다. 공부머리 하나는 타고났다고들 했다.

대학시절에는 어떤 아이를 맡아도 전교 10등 안으로 올려놓곤 해서 과외생들이 줄서서 대기하는 고액 과외강사였다. 교육대학원에 입학하고도 두 아이 병수발과 병원생활을 병행하며 늘 최고점을 받았다. 혹독한 논문 심사도 단번에 통과하며 졸업했다. 늦깎이 대학원생으로 젊은 친구들과 경쟁해야 했지만 밀리지 않았다. 한마디로 공부에는 일가견이 있었고, 어디서 무슨 공부를 하든 1등을 할 자신이 있었다.

그런데 아이들이 자라고 회사의 중견이 되고 저녁시간이 늘어나자 혼자 놀기부터 새로 배우는 기분이었다. 그래서 다시 공부를 해야겠다는 생각을 했는데, 막상 마흔 되어 시작하는 공부는 갈피를 잡지 못했다. 석사학위는 두 개나 되니 박사학위를 딸까 싶다고 했더니, 멘토 한 분이 말했다.

"때려치워라, 이제 쓸데없는 공부는 그만 좀 해라."

그가 물었다. "무엇을 하고 살고 싶으냐?" 순간 가슴이 쿵 내려앉았다. 세상 잘났다고 살아온 내가 '무엇을 하고 살고 싶냐'는 말에 새삼 대답을 못하고 말문이 막혔다. 28세에 결혼해 두 아이를 낳고 아픈 아이의 뒷수발을 하며 정신없이 살다가, 아이가 병에서 낫자 갑자기 인생의 목표가 사라져버린 듯했다. 공부만 열심히 계속 한 것이지, 목표가 뚜렷하지 않았던 것이다.

우리는 이처럼 무엇을 하고, 어떻게 살아야 할지 모르는 채, 그저 남들처럼 공부하고 직장에서 돈을 벌고 결혼하고 부모가 된다. 나는 그 멘토의 질문 이후 '앞으로 무엇을 하고 싶은지, 어떻게 살아야 할지' 진지하게 고민하기 시작했다. 어려서 치열하게 했어야 할 고민을, 청년기에 준비했어야 할 인생의 계획을 마흔 넘어 시작한 것이다.

책상머리를 벗어난 진짜 공부

나는 아이들이 미래에 나와 같은 방황을 하지 않았으면 한다. '무엇을 하고 싶은지, 어떻게 살지, 어떻게 살아야 행복할지' 어려서 할 고민을 어릴 때 하고, 청년기에 미리 준비했어야 할 인생의 계획을 청년기에 할 수 있기를 바란다. 그렇게 하려면 어떻게 해야 할까?

아이를 가르치는 가장 좋은 방법은 부모가 모범이 되는 것이다. 내가 도전하는 경험을 직접 해봐야 아이에게 가르쳐줄 수 있겠다는 생각이 들었다. 그리고 고민 끝에 경험과 지식을 나누며 사는 지식사업자가 되기로 결심했고, 한편으로는 그동안 돈에 너무 젬병이었던 점을 반성하며 나와는 전혀 상관없다고 생각하고 살았던 투자 공부를 시작했다. 투자 공부를 하면서 항상 윗선의 결정을 기다려야 하는 직장인의 틀에서 벗어나 스스로 결정을 내리며 팽팽한 긴장감을 즐기기 시작했다.

또한 지식사업자가 되기 위해 예전에 했던 마케팅 공부를 다시 시작하면서, 그동안 관련 학문에서 있었던 많은 변화에 충격을 받았고, 내가 얼마나 안이하게 살고 있었는지 깨달았다. 강의를 들으면서 새로운 아이디어와 의욕이 용솟음쳤고, 이것들을 그간의 경험과 매칭시켜 어떻게 실현해야 할지 그림이 그려졌다. 공부라는 것은 이렇게 하는 거였다.

"왜 제 수업을 듣나요?"

교육생으로 자리에 앉아 있자니, 젊은 강사들은 유학파이자 잘나가는 회사 중역이 도대체 왜 자기 수업을 듣느냐며 의아해했다. 얼굴

붉히며 '마흔이 넘어서야 제대로 된 공부를 다시 시작했다'고 고백하니 진심으로 도와주었다.

서툴지만 새로 시작한 일들은 모두 의미가 깊었다. 이게 진짜 공부였다. 책상이 다인 줄만 알고 살며 우물 안 개구리로 경쟁하며 파닥거린 내가 부끄러웠다. 우물 밖 세상은 점점 넓어졌고, 생각의 폭과 행동의 범위도 증폭되었다. 삶의 폭이 넓어지면서 모범생으로 도서관에서 주야장천 보낸 학창시절이 억울했다. 그 시간에 해보고 싶은 것을 하며 신나게 놀았다면, 연애라도 실컷 해봤다면 어땠을까? 공부를 잘하기 위해 인내하며 접어버린 인생의 기회들이 얼마나 많았을까? 책상에만 앉아서 보낸 젊은 내 영혼이 안타까웠다.

그래서 나는 우리 아이들이 학원이나 학교에 갇혀서 자신의 꿈과 의지를 억누르고 살지 않았으면 한다. 학교 공부보다 인생 공부가 우선이라고 아이들에게 가르친다. 두 아이가 누려야 할 나이에 누리고, 만나야 할 기회를 만나기를, 엄마가 놓치고 보지 못한 것들을 경험하고 자라기를, 그래서 나이만 먹은 가짜 어른이 되지 않기를 간절히 바란다.

현명한 부모는 4차 산업혁명 이후를 본다

둘째가 요즘 뉴스에 자주 나온다며 물었다. "엄마, 4차 산업혁명이 뭐에요?" 우선 아이가 좋아하는 자동차를 예를 들어 설명해주었다. 미래에는 집집마다 자동차를 살 필요가 없어질 수도 있다고, 자동차 정비공이라는 직업이 다른 모습이 될 수도 있다고. 그리고 BMW보다 테슬라의 전기자동차가 왜 가치를 더 높게 평가받는지 짚어주었다.

세계적인 자동차 회사로 BMW, 벤츠, 아우디, 미세라티 등이 꼽히지만, 혜성처럼 나타난 테슬라가 이들을 긴장시키고 있다. 테슬라는 이미 가치평가에서 BMW를 압도한다. 테슬라가 만드는 자동차는 석유가 아니라 전기로 운행되며, 소프트웨어로 자동차 부품과 장치들을 제어하는 '바퀴 달린 컴퓨터'라고 할 수 있다. 이런 관점에서 보면, 테슬라와 BMW의 경쟁자는 구글과 애플이다. 구글과 애플처럼 소프트웨어로 생태계를 구축한 디지털 거인들은 소비자들과의 접점을 확대하며 무한 팽창을 하는 중이다.

제조업도 서비스업도 플랫폼 사업자로서 사업 가치를 재편성하고 있으며, 이제 자동차 회사들은 기존과 다른 가치를 팔아야 한다. 오늘날 자동차 정비공은 차를 고치는 기능직이지만, 미래에는 컴퓨터 엔지니어와 유사한 직업이 될 수도 있다. 아이는 설명을 듣고 어안이 벙벙한 표정이었다. '컴퓨터에 바퀴가 달린 게 자동차의 미래'라고 하니 그제야 좀 이해했다는 표정이었다.

기술을 활용하는 방법을 가르쳐라

『플랫폼 레볼루션』의 저자 중 한 명인 경영학자 상지트 폴 초더리는 미래의 주인공은 플랫폼을 건설하거나 활용하는 자가 될 것이라고 한다. 플랫폼은 원래 역에서 기차를 타고 내리는 곳을 말한다. 기차(생산자)와 승객들(소비자)이 만나고, 그곳을 중심으로 간이매점 등 다양한 부가사업이 이루어진다. 즉 플랫폼은 생산자와 소비자가 만나서 상품이나 서비스를 교환하며 상호작용을 하면서 가치를 창출하는 곳이다.

플랫폼 비즈니스는 공급자 중심의 기존 경쟁구도를 바꾸고 있다. 글로벌 대기업들도 플랫폼이 없으면 표준을 장악할 수 없다. 이제 기업은 고객에게 상품과 서비스뿐만 아니라 무형의 가치를 팔아야 생존할 수 있다.

그래서 다음은 어떻게 될 것인가? 기술 자체로는 의미가 없다. 기술을 보지 말고, 기술이 바꾸는 우리의 일상을 들여다봐야 한다. 이미 우리집에서도 진공청소 로봇과 물걸레 로봇이 청소를 대신해주고 있다. 앞으로 진화된 가정기기들은 기계 간 소통 프로토콜인 IoT(Internet of things, 사물인터넷)를 사용해 인간의 언어를 이해하고 더욱 지능화될 것이다. 퇴근할 즈음이면, 집안의 기계들은 서로 소통해서 집을 말끔히 치워놓고 환기를 시키고 쾌적한 온도로 맞추고 주인이 돌아오기를 기다릴 것이다.

로봇이 우리 일을 대체하는 것을 두려워할 일이 아니다. 나는 물걸레 로봇 덕분에 일주일 중 가장 싫어하는 스팀청소 시간을 절약했다. 각종 진화된 가정기기 덕분에 하루 1시간 이상의 가사노동 시간을 절약하고 있다.

로봇에게 인간의 노동을 대체시키고 늘어난 시간만큼, 어떻게 가치를 창출할 것인가, 빅데이터 자체가 아니라 빅데이터를 활용하는 것을 가르쳐야 한다. 학교가 일상에서 기술을 활용하여 어떻게 가치를 만들어낼 것인지를 가르쳐야 한다.

둘째는 내 이야기를 듣더니 자전거 정비소나 자전거 가게의 매니저들도 없어질 수 있겠다며, 새로운 가치가 필요한 것 같다고 의견을 덧붙였다. 나는 아이의 말에 덧붙였다. "지금도 그렇지만, 4차 산업혁명 시대에는 물건만 팔아서는 안 돼. 상품이나 서비스 말고 자신만의 고유한 가치를 가지고 있어야 해. 구글과 애플은 플랫폼이라는 비즈니스 인프라를 만들고, 그 위에 가치를 파는 사업자들이야."

그런데 아이가 며칠 후에 불쑥 물었다.

"나도 플랫폼을 만들 수 있고, 돈을 벌 수 있나요?"

자전거를 좋아하는 아들에게 자전거를 통해 새로운 가치를 어떻게 만들 수 있을지 고민해보라고 조언했던 기억이 났다. 아들은 전국의 가정에서 쓰지 않아서 잠자고 있거나 버려지고 있는 자전거 중고부품들을 유통시킬 수 있는 플랫폼을 기획해보고 싶다고 했다. "엄마가 무엇을 도와주면 될까?" 아이는 생각 좀 해보고 도움을 청하겠다고 했다. 어떤 기획 아이템을 들고 올지 흥미롭게 기다리는 중이다.

이제 아이들에게 보이는 것만 보지 말고, 기저의 플랫폼을 파악하라고 가르쳐야 한다. 애플은 스마트폰을 만들었지만, 애플이 만든 생태계를 봐야 한다.

우리는 스마트폰으로 뉴스를 보고 사진을 찍고 해외에 있는 친구와 메신저를 하고, 앱을 다운받아서 음악을 듣고 쇼핑을 하고 게임을 한다. 또한 LG전자는 가전제품을 만드는 회사지만, 가전제품을 통한 스마트 플랫폼을 지향하고 있다. 냉장고 문에 스크린이 들어가고, 냉장고 속에 있는 먹거리 정보를 보여주며, 그 먹거리로 할 수 있는 레시피를 바로 찾아볼 수 있고, 나중에는 그곳에서 바로 먹거리 쇼핑도 하게 될 것이다.

먼저 산업과 경제를 움직이는 '판'을 파악하고, 산업의 기준이 되는 리더들이 만든 플랫폼을 보고, 후면의 생태계를 파악하게 해야 한다. 인류에게 문제가 되는 것이 무엇인지 살펴보고, 혁신이란 멀리 떨어져 있는 것이 아니라 바로 그 문제를 푸는 것임을 알게 해야 한다.

미래에는 기업이 아니라 개인도 플랫폼을 만들 수 있는 시대이다. 그리고 당신의 아이가 창업가가 되지 않더라도, 미래의 기업이 원하는 인재는 더 이상 단순노동자나 주어진 과정에 따라 일을 처리하는 사람이 아니다. 플랫폼을 이해하고 혁신적인 생각을 해내는 사람일 것이다.

둘째가 온종일 플랫폼에 대해 고민하지는 않을 것이다. 하지만 자전거를 타거나 고치면서, 자전거라는 물리적 실체가 아니라 플랫폼에 대해 잠깐이라도 생각해볼 여지는 있을 것이다. 이것이 내가 아이의 다음 질문을 기쁘게 기다리는 이유이다. 아직은 서툰 기획자이지만, 생각에 계속 살을 붙여나가다 보면 자기만의 고유한 가치를 만들어내는 날도 올 것이라고 믿는다.

4차 산업혁명 '후'를 보며 가르쳐라

유태인들은 '아이에게 물고기를 잡아주는 것이 아니라 잡는 법을 가르친다'고 한다. 4차 산업혁명 자체에 빠져서 아이들이 일자리를 잡지 못할까 봐 두려워하고 고민만 할 일이 아니다. 오히려 4차 산업혁명을 관통하는 기준과 변화하고 있는 가치를 가르치는 것이, 아날로그 시대를 살아온 부모 세대가 해줄 수 있는 최선이 아닐까 한다. 비록 더디더라도 오늘 부모의 성실한 노력이 내 아이를 미래의 일부로 만들어줄 것이다.

책 속의 죽은 지식이 아니라 격변하는 오늘을 보는 통찰력을 키워줘야 한다. 산업혁명은 앞으로도 계속될 것이고, 차세대 혁명의 교체주기는 더 빨라질 것이며, 혁명의 범위는 더욱 넓어질 것이다. 현명한 부모는 4차 산업혁명이 아니라 그 이후를 보고 아이를 키운다.

기업도 달라진 미래에 살아남기 위해서는 모험을 감수해야 한다. 그리고 그런 모험가들을 원하고 있다. 그러므로 미래에 필요한 인재는 위험을 감수하고 모험을 떠날 수 있는 아이들이다. 모범생이 아니라 모험생을 키워야 한다.

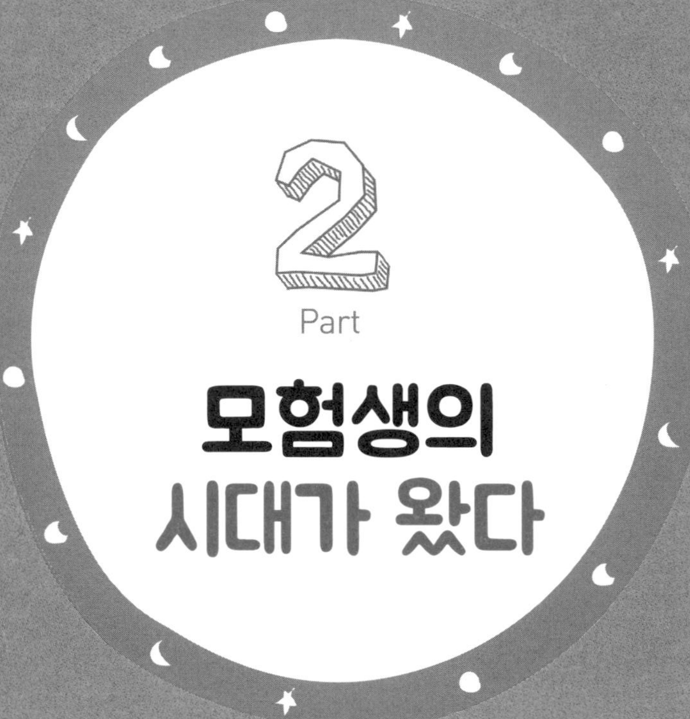
2
Part
모험생의
시대가 왔다

"인생은 과감한 모험이 될 수도 있고,
아무것도 아닐 수도 있다."
―헬렌 켈러

모범생 동화는 끝났다

모교인 카이스트에서 기업 관리자들을 위해 개설되는 MBA 과정을 들었던 적이 있다. 20년 전 재학시절과 강의 제목은 같았지만, 수업에서 다루는 내용을 보며 격세지감을 느꼈다. 야후나 노키아 대신 구글, 애플, 페이스북, 아마존, 알리바바와 같은 신생 스타트업들이 디지털 거인이 되어 교과서에 등장했다. 또한 BMW나 벤츠를 넘어 테슬라가 나타났으며, 경계 없는 융복합 시대에 구글과 애플이 이 경쟁에 뛰어들었다.

아이들의 공부나 일상은 내가 자라던 때와 바뀐 것이 별로 없는데, 급변하는 미래 예측에 현기증이 일었다. 세계 경제의 판은 바뀌고 있는데 우리의 정체된 현실을 둘러보니 한숨이 나왔다. 대학을 나와도 취업을 못하고 있는 취업 준비생만 수십만 명이며, 서울대를 나와서 전문대로 유턴하는 졸업생도 어렵지 않게 찾을 수 있다. "스카이 졸업생들은 대치동 학원가에 모여 있다."는 우스갯소리와, 최고의 직업이라 일컫는 변호사와 의사의 파산선고도 심심찮게 들린다. 기존에 없던 일들은 이미 우리 곁에서 일어나고 있다.

변호사들이 수수료 정액화를 걸고 공인중개사 시장에 선전포고를 했다. 이는 앞으로 일어날 변혁의 전조에 불과하다. 자격증으로 만든 높은 진입장벽조차 무너지고 있다. 그럼 의사의 미래는 과연 안전한가? 선진국의 경우 왕진서비스는 물론이고 화상검진이 범용화되기 시작했다. 의료기기가 공유경제 형태로 진화하면서 의료 시스템을 공유하며 환자별로 맞춤화하여 찾아가는 새로운 의료시장이 전개되고 있다. 오늘의 병원과 미래의 병원은 다른 가치를 팔게 될 것이다. 개별화되고 맞춤화된 서비스로 경쟁력을 확보하지 않으면, 생계를 걱정하는 의사가 생길 수도 있다는 말이다.

그럼에도 불구하고 아이들은 공부를 열심히 해서 명문대에 들어가 좋은 성적을 받아야 한다고 배운다. 졸업을 하면 대기업에 취업해서 월급쟁이 임원이 되거나, 전문직이 되어 자격증이 보장하는 진입장벽을 믿고 안정을 누리는 것이 목표이며, 그도 아니면 공무원이 되어 안정된 노후연금을 받으려 한다. 하지만 안타깝게도 모범생들의 동화는 이제 끝났다.

공유경제가 세상을 바꾸다

항상 강조하지만, 필요한 것은 생존능력이다. 대학 졸업장도 전문직 자격증도 내 아이를 지키지 못할 것이다. 기업은 우리 수명의 10분의 1인 10년을 못 버티고 사라지고, 인간은 로봇과 경쟁해야 하는 극한의 노동경쟁 시대가 열렸다. 아이 스스로 돈을 만드는 기업가가 되지 않는 한, 평생 이런저런 직업의 수습생으로 살아야 할지도 모른다. 한 사람이 평생 19번 직업을 이동할 거라는 예측은 근거리의 현실이 될지도 모른다.

공유경제가 활성화되면 이러한 일상은 한층 더 보편화될 것이다. 20세기는 대량생산체제의 소유 시대였다면, 공유경제의 소비자들은 생산된 제품을 여럿이 공유해 쓰는 협력소비를 기본으로 하기에 자동차 등을 소유하지 않고 필요한 만큼 빌려 쓴다.

공유경제의 대표적 사례가 에어비엔비와 우버이다. 에어비엔비는 숙박업소를 보유하지 않은 숙박서비스 업체이다. 개인은 집을 여행자들에게 공유하고 그 대가를 받고, 여행객들은 외국에서 낯선 현지인의 집을 호텔 대신 사용하고 비용을 지불한다. 우버는 자동차를 소유하지 않은 택시서비스 회사로서 차량을 가진 개인을 운전자로 고용한다.

공유경제는 소비와 소유의 기존 경제활동을 전복시키며, 새로운 경제 패러다임을 구축하고 있다. 이제 우버는 플랫폼 사업자로서 유통에 새로운 가치 생태계를 만들어내고 있다. 운송업 자체만이 아니라 차와 연결된 자동차 보험의 범주가 재정의되고 있으며, 택배를 비롯한 기존 물류 시스템의 가치도 새로 설계되고 있다.

시시하고 하찮은 아이디어로 보이던 것들이 공유경제에서 기막힌 사업 아이디어로 폭발적 성장을 누리고 있다. 2016년 기준, 전 세계에서 10억 달러 이상인 스타트업 상위 13개 중 12개가 공유경제 관련 기업이었다.

이제 기존의 제조업 체제로는 시장경쟁에 맞서기가 힘들 것으로 예측된다. 기술과 기술, 사람과 사물, 사물과 공간을 연결하는 초연결 지능과 기존의 가치를 융합하여 새로운 가치를 만들어내는 창의적 아이디어를 갖춘 기업만이 생존하게 될 것이다.

필요한 건 졸업장이 아니라 생존역량

우버와 유사한 국내 카풀 서비스를 이용해본 적이 있다. 그날 나를 태워준 카풀 운전자는 여의도의 금융업 종사자였고, 이 일을 한 지 3개월 정도 되었다고 했다. 출퇴근 기름값을 충당하고도 한 달에 20만 원 정도의 수익을 내고 있다며 만족스러워했다. 동료들 중에는 더 큰 수익을 내는 이들도 꽤 된다면서 운전자와 이용객이 빠르게 늘어나고 있단다.

그는 은행이 지점을 축소하고 있으며 금융업이 안정된 직장인 시대는 끝난 것 같다며, 가능하면 다른 일도 알아볼 생각이라고 했다. 부업으로 택시 서비스를 하고 있는 그에게 스카이 졸업장이 있을까, 그다지 중요해보이지 않았다.

구글도 애플도 스카이를 모른다. 나는 더 이상 학력을 믿지 않는다

(20년 직장생활에 몸담고 보니 믿을 것은 구성원의 배우려는 마음과 일에 임하는 태도였다). 매일 책상에 붙어 앉아 명문대에 입학하더라도 이후 보장될 성공의 가치는 오늘날보다 훨씬 작을 것이다.

대학은 인생의 목표를 달성하기 위한 선택적 수단일 뿐이다. 현재의 명문대들이 미래역량에 적합한 교육 시스템을 제공하지 못한다면, 대학조차 재고해야 하는 것이 합리적 사고이다. 대학은 아이들 인생의 선택사항이지 그 자체로 목표가 될 수 없다.

스티브 잡스도, 빌 게이츠도, 마크 저커버그도 학력 파괴자들이다. 그들은 하버드대학을 박차고 나가 자기 사업으로 당당히 일어섰다. 그들에게 명문대 졸업장이 있는지 아무도 묻지 않는다. 죽느냐 사느냐를 가르는 것은 졸업장이 아니라 미래에 굳건히 살아남을 생존역량을 가지고 있느냐이기 때문이다.

나는 우리집 두 아이에게 월급쟁이나 전문직이 아니라 사업가나 투자가가 되기 위해 필요한 금융 교육과 제반 교육을 한다. 나의 자녀 교육 기준에 미달한다면, 아이들의 인생에 스카이 졸업장을 넣어야 할 이유가 없다. 모교인 카이스트도 이 기준에 적합한 교육을 제공하지 못한다면 아이들을 보낼 생각이 없다. 아이들이 공부를 잘하고 못하고의 문제가 아니라는 이야기다. 이미 모범생 신화의 시대는 끝났기 때문이다.

모험생 성공시대가 열렸다

내가 사회에 첫발을 디뎠을 무렵, 인터넷이 대중화되기 시작했다. 당시 인터넷 영역의 애널리스트로서 시장 전망 데이터를 만들었기에 그때의 현상을 좀 더 깊이 들여다볼 수 있었다. 마치 세상이 미쳐 돌아가는 듯했다. 거의 20년 전이었음에도 고작 도메인(인터넷 주소) 하나가 40억 원에 팔리는 기막힌 일들이 성행했고, 인터넷 기업의 주가가 끝없이 폭등했다. 이른바 인터넷 버블 시기였다.

두 번째 세상이 뒤집히는 느낌을 받은 것은 시장의 패러다임이 유선에서 무선으로, 즉 모바일로 변할 때였다. 모빌리티의 상징, 스마트폰은 이제 우리의 일상이 되었다.

IT애널리스트로 일하던 무렵, 세계 1등 기업은 노키아였다. 이후

LG전자 전략기획팀에서 일할 때 1등은 애플이었다. 그리고 지금은 또 다른 세상이다. 검색엔진이었던 구글과 온라인 판매상 아마존, 전기자동차 제조업체 테슬라가 격돌하고 있다. 점차 온라인과 오프라인, 제조업과 서비스, 그 경계가 사라지고 있다.

30대에 인터넷이 세상을 바꾸는 것을 보았고, 40대에 세상이 다시 뒤집히고 있는 것을 목격하고 있다. 기업의 수명은 짧아지고 혁신주기도 점점 빨라지고 있다. 앞으로의 20년은 과거의 20년과는 완전히 다른 세상이 될 것이다.

궤도를 이탈하는 모험생이 성공의 끈도 잡는다

어느 날, 생각지도 못한 것들이 갑자기 세상을 바꾸고 시장의 기준이 되어버리는 묘한 세상이다. 디자이너들이 주로 사용하는 매킨토시 컴퓨터를 만들던 애플이 처음 핸드폰을 만들겠다고 했을 때, 당시 모바일 부문의 IT애널리스트였던 나조차 코웃음을 쳤다. 하지만 지금 스마트폰의 기준은 애플이고, 내 책상은 온통 애플이 만든 제품들이 자리를 차지하고 있다. 애플의 모험은 성공의 표본이 되었다.

바로 얼마 전까지만 해도 전기자동차가 과연 상용화될까 모두 의심했는데, 테슬라의 가치는 사상 최고치를 기록하고 있다. 지금은 자율주행 자동차가 핫이슈이지만, 수년 안에 플라잉자동차가 떠오를 것이다. 테슬라의 모험은 이제 시작이고 그 이후를 기대하지 않을 수 없다. 이런 시대에는 때로는 궤도를 이탈해야 일이 이루어진다.

국내 유수의 모 대기업 재직 시절, 경쟁사의 조직 정보가 긴급히 필요한 적이 있었다. 국내 최고 기업이자 보안 수위가 최고등급인 경쟁사의 대외비 정보였고, 다들 누가 그런 정보를 주겠냐고 했다. 나는 아무도 시키지도 않았는데, 경쟁사 본사에 당당히 가서 해당 부서의 고위직 임원을 직접 만났다. 카이스트 학교 후배랍시고 갑자기 쳐들어왔으니 선배 임원은 어안이 벙벙해했다. 그는 사무실에 무대포로 쳐들어온 나의 이야기를 듣더니 조용히 웃었다. 그리고 서면 자료를 줄 수는 없고 구두 인터뷰는 해줄 수 있다고 했다. 나는 그날 경쟁사의 추정 조직도를 만들어 CEO 직보를 올렸다. 차후 확인해보았지만, 그때 그린 경쟁사의 조직도는 정확했다. 덕분에 나는 회사의 전설이 되었다.

교육업체에 입사 후 여러 번 굵직한 프로젝트를 맡았는데, 최근에 맡았던 신사업이 그중 최고였다. 일을 시작하면서 가장 많이 들은 이야기가 미친 짓이라는 것이었다. 신사업이다 보니 매일 부서들을 설득하고 협조를 구하느라 쉴 틈 없이 회의를 강행했고, 실무자들을 가르치며 일해야 했다. 역할 정리는 물론, 모든 절차를 새로 만들고, 콘텐츠부터 시스템, 영업과 교육, 마케팅까지 총괄해야 했다. 결국 사업 준비 3개월 반 만에 현장에 신규 브랜드 간판을 올렸다. 창립 이래 최단기로 추진된 신사업이었다. 팀원 2명을 데리고 100일 만에 전국 현장에 간판을 달고 영업을 시작했으니 한마디로 기적이었다. 회사는 모험을 통해 미래의 가능성을 보여주었고 조직에 변화를 가져왔다.

이제는 궤도를 이탈하지 않으면 어떤 시도도 성공하기 힘든 시대이다. 시작조차 하지 않고 모험을 회피한다면 결과는 도태뿐이다.

개인도 기업도 모험역량이 필수조건

중국의 주링허우 세대는 1990년 이후 태어난 세대를 말한다. 중국이 경제대국으로 성장하는 시점에 자라서 경제적 부를 향유하는 대표적 소비 세대이다. 이들을 이끄는 것은 BAT의 리더들이다.

BAT는 중국 벤처 1세대를 상징하는 단어로서, 중국 최대 포털 바이두(B)의 리옌훙, 인터넷 쇼핑몰 알리바바(A)의 마윈, 모바일 플랫폼 텐센트(T)의 마화텅이 롤모델이 되어 미래의 주축이 될 주링허우 세대를 이끌고 있다.

2015년 '모두가 창업하고 혁신하라'는 모토는 중국 경제정책의 발전 방향으로 굳건히 자리잡았다. 이제 중국은 우리가 알던 짝퉁의 나라, 공장 굴뚝의 나라가 아니다. 매일 평균 1만5천 개의 스타트업이 탄생하는 최대 창업국가이며, 대학생의 40%가 창업을 꿈꾸고 있다. 중국의 공유경제는 2020년까지 1억 개 이상의 일자리를 창출할 것으로 예상된다.

2000년대 노키아는 세계 1위의 핸드폰 제조회사였지만, 스마트폰이라는 차세대 트렌드에 대응하지 못했고 몰락했다. 이후 핀란드는 수년간 경제에 악영향을 받았으며, 정부는 창업을 기반으로 한 게임산업이라는 카드를 꺼내들었다. 노키아에서 빠져나온 유능한 인재들이 창업의 길로 들어섰고, 스타트업을 연달아 만들면서 새로운 창업경제를 이끌어가고 있다. 창업에 도전하는 청년들을 위한 정부의 지원도 활발하다. 핀란드는 자연환경이 척박하고 일자리가 부족하지만, 경제와 교육 양대축에서 모험역량을 강화하며 창업국가로서 박차를 가하고 있다.

구글과 애플 같은 세기의 대기업도 스타트업에서 시작했다. 우리라고 왜 못하겠는가.

10년, 혹은 20년 후 아이들이 세상으로 나갈 무렵에는 '취업'이라는 선택지가 사라질 수 있다. 미래학자들은 기업에 소속되지 않은 프리랜서, 프리에이전트, 1인기업가가 직원보다 더 많은 시대가 올 것이라고 예측한다. 이제 스스로 기업가가 되어야 하는 창업가정신이 미래생존의 필수 역량이다. 나는 이를 '모험역량'이라고 한다.

나는 학교에서는 '모범생'으로 살았지만, 사회생활을 시작하고는 '모험생'으로 살았기에 성과를 낼 수 있었다. 회사는 매번 신설팀을 만들어주며 새로운 미션을 부여했다. 오랜 시간 관리자 생활을 하면서 깨달은 것은 기업생활도 모범생보다 모험생들이 더 잘한다는 점이다.

대변혁 시대에 아이들을 어떻게 키워야 하는지 묻는다면 답은 '모험정신'이다. 일단 지르고 덤비고 실패해도 다시 일어나서 기어이 해내는 모험가정신이 필요하다. 우리가 자랐던 때와 똑같은 방식대로 아이를 키운다면, 학업을 마치고 사회에 진출하기도 전에 퇴물이 될 가능성이 크다. 이제 모험역량은 개인과 기업의 필수적 성공역량으로 꼽힐 것이다.

사례1

동기의 힘을 보여준 석환이의 꿈

나는 결혼 후 15년 만에 처음으로 나를 위한 버킷리스트를 쓰기 시작했다. 처음에는 5개도 제대로 채울 수 없었다. 그나마 쓰고 보면 모두 가족을 위한 내용이라 당혹스러운 순간도 있었다. 매일 일에 치여 먼 미래는 생각할 틈이 없었다고 혼자 변명해보았지만, 목표 없는 인생을 살고 있음을 부정할 수 없었다.

인생의 목표는 아이를 모험가로 바꾸는 최고의 나침반이다. 목표가 있는 아이는 도전적이고 공격적이다. 1년 전에 만났던 석환이는 평생 야구만 알고 지내온 아이였다. 그런데 갑작스런 무릎 부상으로 당연히 합격할 것이라고 생각했던 체고에 불합격하고 운동을 포기해야 하는 상황에 이르렀다. 전혀 생각지도 않던 일반고를 가게 되자, 아이뿐만 아니라 집안에서의 혼선도 대단했다.

그러나 아이를 세운 것은 아이 자신이었다. 석환이는 몸으로 배운 것을 잊지 않았다. 치열한 고민을 통해 야구선수 에이전시 대표 및 야구해설자로 진로를 다시 잡고 책상에 붙어 앉았다. 어려서 운동만 하던 아이가 맞나 할 정도로 지독하게 공부했다.

두 번째 만난 석환이의 얼굴에는 스트레스성 여드름이 가득했다. 얼마나 독하게 공부하는지 알 수 있었다. 지금 석환이의 성적은 아이가 목표로 하고 있는 수준 이상을 달리고 있다. 야구선수가 되어 그라운드에서 홈런을 칠 수는 없겠지만, 인생의 목표는 더 넓은 반경으로 뻗어나갔다. 아이의 목표는 이제 국내가 아니라 해외 시장까지 확장되어 있다. 세계적인 야구선수 에이전시 담당자가 되겠다며 유학을 준비하기 위해 영어에 한참 빠져 있는 석환이는 동기의 기적을 실제로 보여준 사례였다.

부모 고수와 하수

목표라는 나침반을 가지게 되면 성취해야 할 과제가 있기 때문에, 시간도 목표를 보고 짜고 학원도 목적에 맞게 스스로 선택한다. 목표가 있는 아이에게 쉬는 시간은 휴식이지만, 목표가 없는 아이의 경우 방황하는 시간이 되어 스마트폰이 점령해버린다.

아이들이 부모에게 가진 가장 큰 불만 중 하나가 전화기 압수이다. 이것은 하수 부모들이 주로 쓰는 방법이다. 아이에게도 부모에게도 손해다. 아이들 간 네트워킹에서 제외되면 정보에서 차단되는 것은 물론이고, 아직도 부모에게 물건으로 통제를 받는 아이로 비춰지기 때문이다.

목표가 있는 아이에게는 스마트폰도 좋은 전략적 도구가 된다. 첫째에게 스마트폰은 유용한 도구이다. 세계 각 분야의 저명인사들이 하는 강연인 TED, 대학의 온라인 공개수업인 MOOC, 각종 인터넷 강의, 영어학원과 영어 도서관 숙제까지 모두 스마트폰으로 하기에 필수 학습도구 중 하나이다.

우리 아이는 방황자인가, 아니면 모험가인가. 모험가는 목표를 잃지 않으며, 목표가 있기에 모험을 떠난다. 아직 아이도 엄마도 버킷리스트가 없고 목표가 없다면 모험은 애초에 시작될 수 없다. 부모가 목표 없는 방황자로 살면 아이들도 방황자로 살 것이고, 부모가 목표가 뚜렷한 모험가로 살면 아이들도 모험가로 자라는 법이다. 그래서 아이는 부모의 거울이다.

이름	부모의 버킷리스트	작성일	년 월 일

* 가장 좋은 가르침은 부모가 도전하는 모습을 보여주는 것이다. 아이와 나란히 앉아, 부모의 버킷 리스트를 만들어보자.

01
___

02
___

03
___

04
___

05
___

06
___

07
___

08
___

09
___

10
___

	아이의 버킷리스트		
이름		작성일	년 월 일

* 부모의 도전하는 모습을 봤으니 이번에는 함께 아이의 버킷리스트를 만들어보자

01
____

02
____

03
____

04
____

05
____

06
____

07
____

08
____

09
____

10
____

정상에 선 그들은
한때 문제아로 불렸다

세계적 저명인사 중에는 학교를 제대로 다니지 않거나 학교생활 부적응자가 제법 많다. 스티브 잡스, 빌 게이츠, 마크 저커버그는 학교를 중퇴했다. 에디슨은 교사도 포기한 학습장애아였고 아이슈타인은 사회부적응자였다. 그들은 때로 정신이 나갔다는 비난을 감수해야 했고, 사회 규범에 저항하는 부정적 세력이라며 손가락질을 받기도 했다. 이들이 훗날 세상을 변화시킨 주인공이 될 줄 그 당시 누가 알았겠는가.

일단 학교에서 문제아로 낙인이 찍히면, 부모고 학교고 간에 아이의 이야기는 안 듣고 잡기부터 한다. 그러니 아이는 화가 나고 더 삐딱해진다. 하지만 진심으로 손을 내밀고 가슴으로 품으면 달라지기도 한다. 학원 원장들은 문제아가 학원에 오면 한숨부터 쉰다고 한다. 그런데 모 학원장은 자신이 어릴 때 문제아로 자란 경험 때문에 그런 아이들의 속을 들여다보는 전문가이다.

어느 날 동네에서 유명한 중학교 3학년 아이가 부모 손에 이끌려 강제로 학원에 등록했단다. 하지만 학교도 잘 안 가는 아이라서 학원도 잘 안 왔단다. 그런데 하루는 어쩐 일로 학원에 왔기에, 학원장은 아이를 붙잡고 자신의 어린시절 이야기를 해주며 두 가지 부탁을 했단다. 하나는 졸업 전까지 학원 빠지지 않기, 또 다른 하나는 그 학원에 다니는 후배들을 학교에서 지켜주기였다.

아이를 변화시킨 것은 두 번째 부탁이었다. 아이는 약속한 만큼 책임감을 가지고 후배들을 챙겼다. 그러자 후배들이 믿고 따르기 시작했고, 문제아로 손꼽히던 아이가 처음으로 인정을 받았다. 아이는 1년 동안 결석 없이 학원을 다녔고 문제행동도 빠르게 줄어들었다. 원장의 믿음이 무너진 아이의 자존감을 세운 것이다.

창의적 불복종의 무한한 가능성

창의인재의 산실로 불리는 MIT 미디어랩의 조이 이토와 제프 하우는 우리 시대의 키워드를 '비대칭성, 복잡성, 불확실성'이라고 정의하고, 미래의 9가지 생존원칙을 제시했다.

이 원칙들은 도발적이고 혁신적이다. 첫 번째 원칙인 창발(emergence)은 '떠오름 현상'이라고도 하는데, 여러 구성요소들이 상호작용을 함으로써 새로운 특성이나 행동이 출현하는 현상을 말한다.

온라인 백과사전인 위키피디아가 창발 시스템의 대표적인 예이다. 처음에는 돈을 주는 것도 아닌데 사람들이 자발적으로 지식과 정보를 활발히 올릴까 반신반의했다. 하지만 놀랍게도 위키피디아의 정보량은 브리태니커 백과사전을 훌쩍 뛰어넘었다. 『네이처』가 과학 분야에서 무작위로 항목을 뽑아 조사한 결과, 둘의 오류는 비숫한 수준이었고, 심지어 위키피디아가 오류가 더 빨리 수정되었다. 누구나 참여할 수 있는 온라인 백과사전이 전문가들이 만든 유서 깊은 사전을 빠르게 넘어선 것이다. 이것이 바로 '창발'의 힘이다.

창발적 시스템은 사람과 사람이 연결되어 함께 새로운 가치체계를 만든다. 현재의 기술 및 사회 변화가 개방형으로 진행되면서 동시다발적으로 확장되는 것을 잘 설명해준다. MIT 미디어랩이 제시하는 9가지 생존원칙은 이처럼 기존에 우리가 알고 있는 원칙들과는 전면 배치되는 것들이 많아서 더욱 주목할 만하다. 우리는 '안전'을 지향해왔는데 이들은 '리스크'를 껴안아야 한다고 주장한다. 또한 '불복종'이 '순종'보다 훨씬 더 큰 이득을 가져온다고 주장한다.

1920년대 초에 3M의 연구원인 딕 드루는 자동차의 마스킹 테이프를 개발 중이었는데 회사가 중단을 지시했다. 그는 굴하지 않고 자신의 권한 내에서 개발을 지속했고, 그 결과 스카치테이프로 알려진 셀로판테이프를 만들었다. 이 제품은 3M의 사업 방향을 바꾸었다. 사포 접착제 기업에서 포스트잇과 같은 우연한 발견을 적극 권장하는 회사가 되었다. 불복종이 순종보다 훨씬 이득을 가져온 사례다.

MIT 미디어랩의 불복종 원칙은 일방향적인 비판이나 소수의 이익을 위한 것이 아니라 의식적인 불복종, 사회를 바꿀 수 있는 건강한 불복종을 말한다. 이를테면 인터넷은 묻고 캐묻고 의심하다 만들어진 불복종의 결과이며, 실리콘밸리로 혁신가들을 끌어당긴 것 역시 창의적인 불복종이었다고 한다.

이는 미래교육에 시사하는 바가 크다. 교육은 아이들을 미래인재로 키우기 위해 필요한 시스템이자, 아이들을 지켜내기 위한 방어체제이기도 하다. 이제 순종적이고 착한 아이로만 키워서는 미래인재가 되기 어려우며, 다음 세상에 적응하기 힘들다. 안전보다는 리스크를 감수하고, 이론보다는 실제에 강한 아이들로 키워야 한다.

착하고 순종적인 것은 장점이 아니다

우리는 그저 시키는 대로 공부만 하는 아이를 착한 아이라고 하지는 않는가? 아이에게 순종을 미덕으로 강요하지는 않는가?

나는 아이들을 순종적이고 착하게만 키우지 말고, 집에서라도 "아니요."라고 말할 수 있게 키우라고 당부한다. 집에서도 못하는 말을 사회에 나가서 하기는 더욱 어렵기 때문이다.

어릴 적에 "우리 큰딸은 착해서…"라는 말을 많이 듣고 자랐다. 하지만 제일 큰 칭찬이었던 그 말이 만든 인생의 한계를 너무나 잘 안다. 착하게만 살려고 해서 문제였다. 그래서 두 아이에게 순종적이고 착하게 살지 말고, 하고 싶은 이야기가 있으면 누구 앞에서라도 똑떨어지게 할 수 있어야 한다고 가르친다.

부모의 말을 잘 듣고 순종적으로 자라는 모범생들보다는 삐딱하고 자신의 생각이 분명한 문제아들, 창의적인 불복종을 아는 문제아들이 앞으로 주목받을 가능성이 크다. 긍정적인 불복종을 할 수 있는 아이로 키워야 한다.

모범생과 모험생의 결정적 차이

"요즘 아이들 일상에 모험이 얼마나 있겠어요?" 강의를 할 때면 이렇게 반문하는 이가 있다. 실은 그 반대이다. 아이들에게 결정권을 주면 그들의 일상은 매순간 모험이 된다.

입시 컨설팅을 하다 보면 모험생과 모범생의 자기소개서는 한눈에 차이가 난다. 일상을 모험으로 살아온 아이의 자기소개서는 화려하지 않아도 용기백배한 힘이 있다. 사고치고 수습해보고 실패도 해보고 성공도 해보고, 그들은 스스로 결정해본 '힘'이 있다. 무슨 일을 맡겨도 될 것 같은 믿음과 사막에 던져도 살아남을 근성이 보인다. 반면 부모의 결정대로만 살아온 아이의 자기소개서는 화려해 보이지만, 호감도가 떨어지고 '생동감'이 없다.

면접을 해보면 차이가 더 두드러진다. 면접관들끼리 눈빛이 오가며 절로 웃음이 번지는 아이들을 만날 때, 입학사정관의 보람을 느낀다. 부모가 궁금해지는 아이들이다.

그렇다면 왜 어떤 아이는 모범생으로 자라고, 어떤 아이는 모험생으로 자라는 것일까? 바로 '비슷한 일상에서 어떤 결정을 하고, 어떻게 하며 자랐느냐'에 따라 달라진다.

"집에 가서 상의할게요." 우리 아이들이 내게 가장 자주 보내는 문자 중 하나다. 학교에서 일어난 일, 친구들과 있었던 일, 소소한 일이라도 스스로 상의하고 의견을 묻곤 한다. 일이 밀려 퇴근이 늦는 날에는 상의할 건들이 줄지어 기다리고 있다.

나 역시 부모 일이라도 단독으로 결정하지 않고 아이들과 상의하고 결정한다. 그러다 보니 아이들도 최종결정을 내리기 전에 부모의 자문과 도움을 받는 것이다. 다만, 아이의 최종결정이 설사 내 생각과 다르더라도 받아들인다. 만약 아이가 잘못된 결정을 내렸다면 그 결과도 스스로 감내해야 한다는 것을 배워야 하기 때문이다.

가장 위험한 선택은 아이가 두려워서 결정을 미루기만 하거나, 아예 시도조차 하지 않으려는 것이다. 결정을 미루지 않고 두려움 없이 지르려면 사소한 결정도 자꾸 해봐야 한다. 어려서부터 결정을 해본 경험을 쌓아야, 성인이 되어서 결정적인 순간이 왔을 때 타이밍을 놓치지 않고 담대한 결정을 내릴 수 있다.

따라서 아이가 일상에서 작은 결정이라도 자주 하며, 미리 두둑한 배포를 키울 수 있게 해야 한다. 그러려면 부모가 아이에게 결정권을 되도록 많이 주어야 한다. 그래서 좋은 결정으로 득도 보고 성취감도 맛보고, 잘못된 결정으로 고생도 해보고 후회도 해볼 기회를 주어야 한다.

모범생은 결정을 따르는 반면, 모험생은 스스로 결정한다. 자기 인생의 주체로서 스스로 결정하는 힘, 그래서 용기 있게 한 발자국을 떼서 앞으로 나아갈 수 있는 힘, 즉 '결정하는 용기'가 모범생과 모험생을 가르는 결정적 차이다.

모범생이 모험생을 이길 수 없는 이유

행복, 휘게, 미니멀리즘, 내가 즐겨찾는 단어들이다. 이 단어들이 인생에 들어오고, 모범생으로 살던 내가 모험생 공부를 시작했다. 모범생으로서 항상 답이 정해진 대로 살아왔기에, 정답이 없는 인생을 받아들이는 게 어려웠다. 어려서부터 모험가로 자랐다면 좋았을 텐데…

그런데 마음을 비우고 나니 겁이 없어졌다. 완벽을 집어던지고 나니 자유로웠고 신이 났다. 불완전하니 들어갈 마음의 자리가 있었고, 허술하기에 격이 없었고 더 쉽게 도전할 수 있었다. 모호해서 불안했는데, 그래서 무엇이든 답이 될 여유가 있었다.

모험생은 삶의 태도가 그러하기에 한계가 없고 경계가 없으며 자유롭다. 세상의 기준에 따르는 게 아니라 자신의 기준으로 세상을 재창조한다. 과정 자체를 즐기고 남들이 뭐라든 개의치 않는다.

모험생의 도전을 모범생이 이길 재간이 없다. 즐기는 자를 어떻게 이기겠는가.

아이의 '결정하는 힘'을 키우는 리스트

아이의 생활을 되짚어보고, 일상의 사소한 결정부터 학교 선택까지 결정권을 줄 만한 것을 찾아서 리스트를 만들어보자.

[샘플] '결정하는 힘'을 키우는 실천 리스트

01 정리는 모든 습관의 기본이다.

- 2~3세부터 자신이 먹은 간식의 접시나 컵 등은 싱크대 개수대에 스스로 넣게 가르친다.

- 4~5세가 되면 자신의 방은 스스로 정리하는 습관을 들이도록 한다. 매일 아침 일어나서 씻은 다음에 바로 방을 정리하는 습관을 들이는 것이 좋다. 아이가 어려서 서툴 수 있으니 엄마가 도와주도록 한다. 방 정리는 5분이면 된다. 이는 앞으로 아이 습관을 잡는 기초가 된다.

02 독서 독립을 일찍 시킨다.

- 3, 4세부터 어린이 도서관에서 책을 빌리고 1대 1의 법칙을 적용하자. 책을 한 명당 5권씩 빌릴 수 있으면, 아이가 스스로 5권을 선택하고, 엄마가 5권을 선택한다.

- 6, 7세가 되면 아이가 10권 중 8권, 엄마가 2권을 선택한다.

- 초등학교 저학년이 되면 아이가 10권 중 9권을 선택하게 한다.

03 서점에서 아이 책을 살 때도 1대 1의 법칙을 쓴다. 그림책 4권을 사기로 결정했다면 2권은 엄마가, 2권은 아이가 스스로 선택하게 한다. 초등학교 고학년이 되면 정해진 도서 구입비 안에서 아이 스스로 자율적으로 책을 선택하게 한다.

04 하고 싶은 운동이 무엇인지 물어보고, 아이와 체험 후 결정하게 해준다. 정기적인 운동은 되도록 5세 정도부터 시작하게 한다.

05 미용실이나 헤어스타일리스트 결정 시에도 아이의 선택을 존중한다.

06 옷이나 액세서리 선택에서도 유아 때부터 자율권을 주도록 한다. 부모 마음에 좀 들지 않더라도 아이가 스스로 선택하도록 한다.

– 초등학교 고학년부터는 계절마다 금액의 상한선을 정해주고(이를테면 겨울 코트 제외, 한 계절에 10만 원), 그 안에서 아이 스스로 어떤 옷을 구매할지를 정하도록 한다.

✚ 나에게 상담을 받고 실천한 초등학교 4학년 딸 쌍둥이 엄마의 사례를 보면, 아이들이 매해 옷을 사야 해서 한 계절에 13만 원으로 정했다. 겨울 외투는 가격이 좀 비싸므로 제외했다고 한다.

쌍둥이 첫째는 13만 원 안에서 1~3만 원 정도의 상의와 하의를 여러 벌 구매하는 데 주안점을 두더란다. 그래서 저렴하면서도 자신의 마음에 드는 옷을 주로 인터넷에서 찾아서 한 계절에 9벌 이상을 사더란다(아이가 옷을 선택하면 부모가 결제해준다). 저렴한 것은 좋은데 질이 진짜 별로인 옷도 있어서 한숨이 나왔지만, 엄마가 자율권을 주었기에 꾹 참았다고 한다.

반면 쌍둥이 둘째는 원래 옷 중에서 입을 만한 것은 골라낸 후에, 필요한 상의와 하의 수를 정한 다음에 오프라인에서 3만 원 이상의 옷을 소량 구매하더란다.

아이에게 옷 선택권을 주는 것을 5년째 실천 중인데, 중학교 1학년 때부터 키 크는 속도가 느려져서 매해 옷을 새로 살 필요가 없어졌다. 그러자 첫째는 중학교 1학년 때부터 무조건 저렴한 옷을 골라 여러 벌 사는 패턴에서 조금 더 괜찮은 옷을 고르고, 옷을 보는 안목도 생기더란다. 아울러 겨울 옷은 가격이 좀 나가므로, 일년 중 봄, 여름, 가을의 구매 비용을 줄여 저축해둔 다음에 겨울 옷을 사는 데 그 돈을 쓴다고 한다.

반면 옷에 큰 관심 없는 둘째의 경우, 남은 돈을 모두 차곡차곡 통장에 모으고 있고, 첫째와 똑같은 용돈과 옷 구매 비용을 받는데, 통장의 돈이 150만 원 이상 차이가 난다. 그러다 보니 자연히 첫째도 몽땅 써버리는 모습에서 발전하여 몇 천 원이라도 남겨서 저축하는 모습을 보이고 있단다.

사소한 일에 자율을 주는 것은 그만큼 사소한 시작처럼 보이지만, 5년 이상 해본 결과 많은 것을 얻었다고 쌍둥이 엄마는 내게 고마워했다.

첫째, 아이들이 자신이 무엇을 좋아하는지, 자신의 스타일을 알게 되었다고 한다. 선택권을 주자, 쌍둥이지만 좋아하는 스타일이 확연히 다르다고 한다. 일상의 한 분야에서 자신이 어떤 스타일을 좋아하는지 알아가는 것은 사실 자신이 어떤 사람인지를 알아가는 한 방편이 되기도 한다.

둘째, 아이 스스로 시행착오를 수정해가는 좋은 경험이 되었다고 한다. 처음에 첫째는 옷을 무조건 많이 사고 싶어서 한 번도 안 입을 옷들을 산 적도 있었지만, 산 옷에 대해 잘못 골랐다고 타박하지 않고 꾹 참았다고 한다. 그런데 그렇게 1년이 지나자 아이 스스로 자신의 시행착오를 경험삼아 자신의 취향을 찾아가고 구매패턴을 고치더란다. 이렇게 시행착오를 느끼고 수정해가는 경험은, 단순히 옷 구매를 넘어서 다른 일상에도 영향을 준다.

셋째, 소비와 돈에 대한 감각을 일찍 익힐 수 있다고 한다. 쌍둥이 엄마는 아이들에게 옷에 대한 선택권을 일찍 줌으로써 발생한 비용은 전혀 아깝지 않다며 웃었다. 왜냐하면 그때 버린 몇 만 원이 아이에게 인생에서 돈으로 환산할 수 없는 잘못된 선택을 줄여주는 경험을 주었기 때문이라고 했다.

그 엄마는 옷 구매 비용으로 아이들이 이런 경험을 할 수 있게 했다. 여러분은 자신의 아이에게 맞는 다른 항목에서 이런 경험을 줄 수 있을 것이다. 그것이 무엇인지 가만히 생각해보자.

07 가족회의를 통해 자신이 돕고 싶은 집안일을 스스로 결정한다.

- 3, 4세라면 식사 시 숟가락, 젓가락을 놓는 것부터 시작할 수 있다. 수저를 놓는 것이 아이의 책임임을 명확히 하고, 아이가 서툴면 처음 몇 번은 도와줘도 된다. 수저 놓는 것은 아이의 소근육 발달과 분류 개념을 익히는 데도 도움이 된다.

- 5, 6세가 되면 대청소 때 자기 방을 정리한 다음, 거실을 정리할 때 거들게 해도 된다.

- 7, 8세 정도가 되면 재활용쓰레기를 분류하는 것을 같이 해보고 차차 스스로 할 수 있게 맡겨도 된다.

- 초등학교 3, 4학년에는 주말에 설거지 1번 정도는 정기적으로 맡겨도 된다.

- 4, 5학년부터는 애완동물 목욕 등을 맡겨도 된다.

✚ 좀 이르다고 생각하는가? 실제로 해본 학부모들의 경우 처음에는 서툴더라도, 나중에는 꽤 잘하게 된다고 하며, 일찍 시도하길 잘했다고 한다.

반면 집안일을 안 하고 모두 챙겨줘 버릇하면, 중학교 3학년이 되어도 재활용쓰레기 한 번 분류해본 적이 없고, 빨래 한 번 돌려본 적이 없으며, 라면 한 번 끓여본 적도 없는 아이가 된다. 누가 장차 사회에서 환영받는 모험생으로 자랄지는 말하지 않아도 알 것이다.

08 가족 외식을 가면 아이가 먹고 싶은 메뉴를 결정하게 한다. 특히 어린이집, 유치

원, 초등학교 등 입학식과 졸업식 날의 식사 장소를 스스로 결정하게 한다. 아이 인생의 가장 소중하고 기쁜 날, 아이의 노고를 치하해야 하는 날, 아이가 가장 좋아하고 축하받고 싶은 장소에서 식사하도록 해준다.

09 유아 때부터 아이 방을 꾸밀 때 스스로 자신이 좋아하는 것을 골라 선택하게 한다. 색깔부터 재질, 방 배치까지 아이의 의견을 듣고 결정하고, 초등학생이 되면 스스로 선택하게 하자.

10 어린이집, 유치원을 다닐 때부터 아이의 의견을 충분히 듣고 난 후 부모의 의견을 말하고, 되도록 아이의 의견에 따라 결정하게 한다.

11 가족 여행 시 아이들이 편한 날짜로 선택하게 한다. 중학생이 되면 여행 중에 한두 번은 아이가 스케줄을 짜게 해보자.

12 돈과 관련해 자율권을 주자. 아이가 태어나면 아이 이름의 통장부터 만든다. 세뱃돈 등은 이 통장에 따로 저축해준다.
– 6,7세가 되면 용돈을 일주일에 5천 원 정도로 정하고, 용돈통장을 만들어 남은 돈은 그 통장에 저축한다.
– 초등학생이 되고 통장에 돈이 100만 원이 넘으면 따로 1년 정기예금을 든다. 예금통장을 1년 단위로 갱신할 때마다 아이에게 통장을 보여주고, 이자와 금리 등에 대해 설명한다.
– 중학생이 되면 생활비에서 지출하지 말고, 아이와 공유하는 교육비통장을 따로 만들어 지출한다. 아이에게 드는 교육비, 즉 학원비 등을 일목요연하게 한눈에 볼 수 있다. 또한 월 교육비의 상한선을 정한 다음, 아이가 그 돈에서 자신이 할 사교육을 스스로 선택하게 한다.

✚ 중학교 1학년 사교육비를 월 50만 원으로 책정했다면, 그 안에서 영어, 수학, 체육 프로그램의 비용을 감안하여 아이 스스로 무엇에 돈을 쓸지를 선택하게 한다. 그리고 만 14세가 되면 현금카드를 발급받을 수 있다. 현금카드를 이용해서 용돈을 지출하도록 한다.

이렇게 하면 돈에 대한 감을 갖게 된다. 아이가 저축과 지출, 돈에 대한 감을 가지는 것은 매우 중요하다. 내 경험상 돈의 흐름에 대한 훈련을 가정에서 받으면서 큰 사람은 자기 사업뿐만 아니라 직장에서도 기획력과 실행력 등이 확연히 뛰어났다.

13 스케줄을 스스로 짜게 한다. 예를 들어 방학시간표를 스스로 짠다. 학기 중에는 못 잤던 아침잠을 충분히 자도록 수업시간표를 학습지 선생님이나 과외선생님과 직접 협상하게 한다.

14 공부와 관련된 선택을 스스로 하게 한다.
– 유아 때부터 학원 선택 시에도 함께 다녀보고, 아이가 원하는 학원으로 결정한다.
– 초등학생이 되면 스스로 문제집이나 원하는 인강을 결정하게 한다.
– 5, 6학년이 되면 아이가 친구 등을 통해 스스로 학원 정보를 구하게 하고, 부모가 따로 구한 정보를 취합한 뒤, 같이 의논하여 학원을 선택한다.
– 중학생이 되면 아이가 학원 정보를 모아서 결정하게 한다.

15 사고 싶은 핸드폰을 고르게 하고 월별로 들어가는 금액과 이에 대한 아이의 페이백을 상의한다(예를 들어, 예산 초과 시 용돈의 일부 차감).

16 특목중, 자사고 결정 시, 아이가 이후 진로에 대한 결정권을 갖도록 해준다. 모든 리서치를 아이와 함께 하고 학교에 대한 결정도 아이가 하도록 한다.

➕ 내가 상담한 학부모 한 명은 아이가 외국어고등학교를 원해서 그곳에 보냈다. 중학교 3학년 초에 부모와 아이는 외고 진학과 관련하여 3차례에 걸쳐서 각각 1시간 이상씩 격론을 벌였다고 한다. 교육과정 및 대학 입시 변화에 따라 불리한 선택일 수 있으며, 현재 너의 성적으로는 고등학교 내신성적에서 하위권으로 나올 가능성이 크기에 입시에서 매우 불리할 수 있음을 충분히 설득했지만, 아이는 이미 알고 있다며 그럼에도 외고를 지원하고 싶다고 했다.

결국 아이가 원해서 중학교 3학년 여름방학에 일단 특목고 입학을 위한 면접준비반을 15만 원짜리 1개월만 보내주기로 했단다. 부모는 내심 면접준비반에 가면 2~3년씩 준비해온 아이들, 아니 초등학교 때부터 특목고 입시를 준비해온 아이들을 보며 그만둘 수 있겠다고 생각했단다.

그런데 아이는 열성적으로 수업에 임했고, 주말에도 새벽 1, 2시까지 책을 읽고 자기소개서를 고치고 예상질문을 뽑고 준비를 하더란다. 하지만 2학기 영어성적이 잘 나오지 않았다. 합격선에 미달하는 성적이 나왔다. 그런데도 아이는 1개월 방학 특강 때 만났던 특목고 입시 지도 학원 선생님에게 따로 질문도 하고 부탁을 하니, 그 열성에 감복한 선생님이 따로 면접 전에 만나서 밤 10시까지 추가지도를 3번이나 해주었단다.

결국 부모도 손을 들게 되었다. 저렇게 열성적인데 더 이상 막을 재간이 없고, 내신이 많이 불리하더라도 막는 것이 옳지 않겠다는 생각이 들더란다. 저런 열성이면 뭘 해도 하겠다는 생각까지 들더란다.

아이는 입학원서도 본인이 알아서 쓰고 딱 부모가 써야 할 곳만 써달라고 하더란다. 그리고 맞벌이에 바쁜 부모를 대신해서 입학원서도 혼자 버스를 타고 직접 가서 냈다. 결국 아이는 중학교 영어성적이 꽤 불리했음에도 외고에 합격했다. 발표를 보고 아이가 엉엉 울었고, 엄마도 울었다고 한다. 엄마는 아이의 대학 입학이 좌절되더라도 그 정도의 열성이라면 삶을 알아서 헤쳐나가겠거니 생각했단다.

아이가 외고를 준비하면서 주변 사람들에게 가장 많이 들은 말은 "넌 뭐를 하든 간에, 어디에 던져두어도 알아서 잘하겠다."는 말이었단다. 한 번은 기숙사 신청서를 작성해둔 후 아이에게 맡겨두었는데, 맞벌이 부모가 나중에 허겁지겁 내려고 하자 아이는 이미 외고 합격자 친구에게 부탁해서 냈다고 하며 웃더란다. 내게 상담을 하던 그 엄마는 "내 아이지만, 이번에 아이를 새로 봤다."고 하며 웃었다.

이 사연의 아이는 앞에서 소개한 바로 그 쌍둥이의 첫째이다. 나는 그 엄마가 옷 구매라는 사소한 일상에서 어떻게 아이들에게 결정권을 주었는지를 소개했다. 어릴 때부터 스스로 결정하게 하는 그 자율의 힘이 고등학교 진학 문제에서 이렇게 나타난 것이다. 나는 모험생인 그 아이의 미래가 몹시 궁금하다.

그럼 이제는 아이에게 줄 '결정권'이 무엇이 있는지를 생각해보자.

<table>
<tr><td colspan="4" align="center">아이에게 결정권을 줄 리스트</td></tr>
<tr><td>이름</td><td></td><td>나이</td><td></td></tr>
</table>

* 아이에게 결정권을 줄 수 있는 리스트를 뽑아보자. 한번에 생각이 모두 안 나면, 이 책을 옆에 두고 나중에라도 하나씩 채워보자. 만약 10번까지 다 채운다면, 이미 모험생 양육의 첫 걸음을 성공적으로 시작한 것이다.

01

02

03

04

05

06

07

08

09

10

모험생의 태도 만들기

애널리스트로 일하면서 투자 관련 자격증을 많이 가진 금융업 종사자들을 여럿 만났지만, 그것을 따려고 한 공부 덕에 실제로 부자가 된 사람은 거의 보지 못했다.

오히려 현장에서 그런 사람을 만난 적이 있다. 수천억대의 자산가는 왜 투자를 하는데 자격증이 필요한지를 반문했다. 본인은 실전을 통해 배웠지 책을 통해 배우지 않았다고 했다. 몇 백만 원이라도 직접 투자를 해야 제대로 배우고 경험할 수 있으며 피와 살이 된다고 했다. 투자를 하다가 필요한 지식은 사람을 쓰거나 필요할 때 공부하면 된다고, 투자를 위해 공부만 하는 바보가 되어서는 안 된다고 했다.

나는 그의 말에서 느낀 바가 많았다. 어느 분야에서나 중요한 것은 실전이었다. 필요한 것은 공부가 아니라 용기였다. 두려움을 떨쳐낼 용기가 필요했지, 자격증이 필요한 게 아니었다.

경매공부 중에 20대 대학생들을 만났다. 한 학생은 스무 살 후반에 이미 작으나마 자기 집을 가지고 있었고, 또 다른 학생은 전문 투자가도 어렵다는 토지 투자 경험을 쌓아가고 있었다. 모두 여학생들이었고, 그중 한 명은 서울대 졸업생이었다. 그 여학생은 대학 4년 내내 밤낮없이 아르바이트로 종자돈을 마련했고, 노동으로 힘들게 번 돈을 투자할 만큼 열정적이었다.

"왜 힘들게 모은 돈으로 어학연수나 배낭여행을 하지 않고 투자를 하나요?"라고 물었더니, 어려서부터 부모의 경제활동을 보고 자라 스스로 선택했다고 했다. 그녀의 답변은 내게 남다르게 느껴졌다.

나는 그동안 스펙 쌓는 공부만 해온 건 아닌지, 지난 시간이 못내 아까웠다. 공부라면 일등이었는데, 경제니 주식이니 머리에 이론은 쌓여가는데 리스크를 감수할 용기가 없었다. 실패에 대한 변명을 미리 준비하고 있으니 투자가 될 리가 없었다. 나는 어린 나이에 두려움을 이기고 시작한 그들의 용기와 결단이 부러웠고 내 용기없던 지난날에 가슴이 시렸다.

교육은 아이의 태도를 만드는 것

용기는 두려움을 느끼지 않는 것이 아니라 '두려움을 안고도 전진할 수 있는 마음의 태도'이다. 로버트 기요사키의 책에 나오는 직장인 아빠는 직업의 안정성을 가르쳤지만, 부자아빠는 두려움을 대하는 태도를 가르쳤다. "두려움을 피하려고만 들면 평생 원하는 삶을 살 수 없을 것"이다. 이 말은 내가 아이들을 키우는 교육좌표를 바꾸는 계기가 되었다.

교육은 단순히 정보나 자식을 가르치는 것이 아니다. 교육은 아이의 태도를 만드는 것이다. 아이들은 커가면서 사회에 순응하도록 배우며, 실패하면 안 되고, 실패는 부끄러운 것이라고 배운다. 그러므로 당연히 자신감보다 두려움이 먼저 자라게 된다.

스스로 점검해보자. 은연중에 아이에게 자신감보다 두려움을 먼저 가르치지는 않았는지 말이다. 아이에게 실패에 대한 두려움부터 가르치는 것은 보통 부모의 언어습관에서 나타난다. 다음 말들을 살펴보자.

"네가 할 수 있겠어? 네 형도 못한 일인데."
"못 할 거 같으면 아예 시도도 하지 마. 시간 낭비, 돈 낭비야."
"네 성적에는 어림도 없어. 꿈도 꾸지 마."
"먹고 사는 게 얼마나 힘든지 아니. 요즘은 대학 나와도 취업이
 안 된다고 난리야."
"사람이 하고 싶은 것만 하고 살 수 있니? 힘들고 안 하고 싶어도
 먹고 살기 위해 일하는 사람들이 천지야."
"너도 알지? 안 되는 거. 알면서 떼쓰지 마."
"너는 몸이 약해서 운동을 못하는 거야. 다른 거 하자."
"일등은 아무나 되는지 아니? 걔니까 된 거야."

"안 될 일을 왜 붙잡고 있니? 그만하자."

"넌 성격이 내성적이라 낯을 많이 가리잖아."

"공부도 머리가 있어야 되는 거야. 넌 다른 머리가 있어."

"넌 이래서 안 되는 거야."

"네가 그래서 친구가 없는 거야."

아이들이 사회의 논리에 순응하지 않게 부모가 지켜내야 한다. 두려움을 걷어내는 데는 시간과 노력이 필요하다. 또한 부모가 앞에서 걷어내고 막아내도, 사회가 암묵적인 규범을 통해 아이 안에 두려움을 주입하기도 한다. 긍정적 피드백보다 부정적 피드백에 더 많이 노출되어 자라면 자신감보다 두려움을 먼저 배울 수밖에 없다.

스스로 기업의 창업자가 되지 않는 한, 아니 창업자가 되더라도 고루하고 융통성 없는 사람들의 두려움과 악전고투하며 사회생활을 해내야 한다. 더 큰 문제는 자기도 모르는 사이에 그들의 두려움이 내 몸에 배어들 수 있다는 점이다. 아이가 두려움과 타협하지 않도록 자신감으로 무장시켜줄 부모의 지혜가 필요하다. 다음 말들을 적극 활용하자.

"일단 해보자."

"일단 말이라도 건네봐."

"해봐야 후회 안 할 걸."

"실패한다 치자. 네가 손해볼 것도 없잖아?"

"네가 손해를 본다 하더라도, 가만히 생각해봐. 그 손해는 아주 작
    잖아?"

나는 아이들에게 공부하라고 잔소리하지 않는다. 공부를 열심히
해서 좋은 대학에 가고 좋은 직장에 가라고 하지 않는다.
"피하지 않고 시도해볼 것, 일단 시도한 다음에 생각할 것."
이처럼 우리 아이들이 가장 자주 듣는 소리는 '도전하라'는 말이다.
'일단 시도하라'는 말이다. 그리고 생각해도 늦지 않는다. 공부할수록
가난해지는 현실을 대물림하지 않기를 바라는 부모의 당부이다.

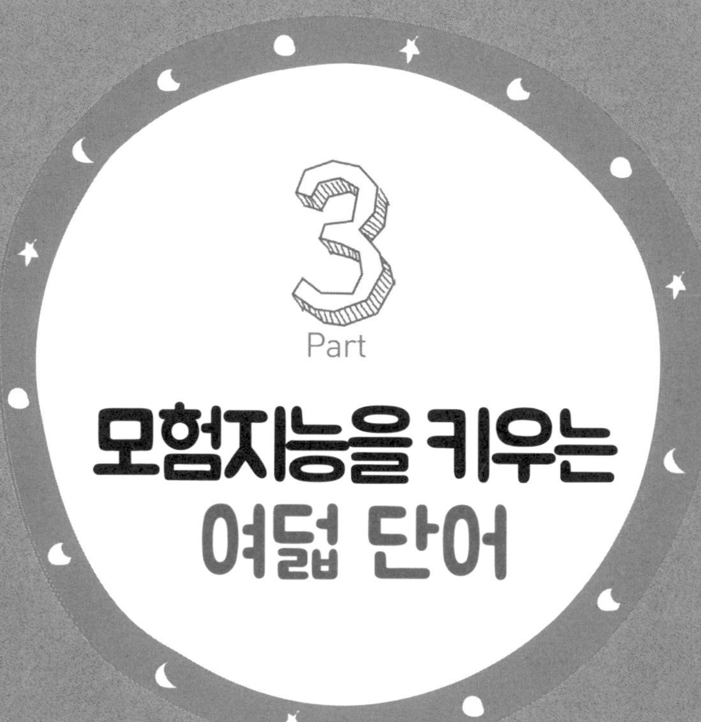
3
Part
모험지능을 키우는
여덟 단어

"우리가 바라는 모든 꿈은 계속할 용기만 있다면
모두 이루어진다."

—월트 디즈니

모험지능과 그릿(GRIT)

어떻게 하면 모험생을 키울 수 있을까? 시간이 지날수록 우리 아이들만을 위한 교육 말고, 4차 산업혁명 이후를 보며 키워낼 수 있는 모험생 커리큘럼이 필요하다는 생각이 들었다.

모험생의 필수 역량은 어떤 것들이 있으며, 모험정신을 어떻게 소통해야 할지, 고민들이 줄줄이 따라나왔다. 집집마다 독립적인 원칙을 가지고 모험생들을 키우고 있는 풀뿌리 가정들의 교육 원칙을 구조화하고자 했다. 결과적으로 1장에서도 잠시 언급했던 '모험지능을 키우는 여덟 단어'를 추려낼 수 있었다.

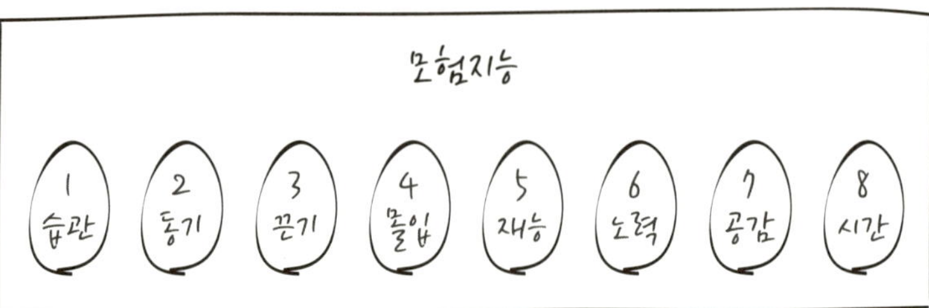

첫째는 '습관'이다. 3일, 10일, 66일 등 '단기간에 공부습관 만들기' 같은 공부법을 기대하지 말자. 내가 주장하는 최우선의 습관은 공부습관 전에 운동습관이다. 사람은 평생 즐기는 운동 하나는 있어야 한다. 가장 어려운 일 중 하나가 머리로 습관을 잡는 것이다. 먼저 몸으로 운동을 통해 습관을 형성해본 아이들은 공부습관도 좀 더 쉽게 잡는다. 몸으로 각인된 습관은 인생의 큰 고정자산이 된다. 그러므로 공부가 아니라 운동습관이 최우선이다.

그다음은 '동기'와 '끈기', '몰입'이다. 동기는 단기적인 몰입을 통해 최상의 적기를 결정하는 신호탄이 되어준다. 동기 중에서도 세계적인 미래학자인 다니엘 핑크가 주장하는 '동기3.0' 이론에 주목해야 한다.(118쪽 참조) 하지만 동기만 믿는 부모들은 하수이다. 아이가 중장기 목표까지 갈 수 있는 힘은 동기에서 나오는 게 아니라 견디는 힘, 끈기에서 나온다. 단순한 끈기만이 아니라 열정적 끈기, 열정적 몰입을 해야 한다.

다음은 '재능'과 '노력'이다. 신이 내렸다는 모차르트의 청감은 훈련을 통해 길러질 수 있다는 주장이 여러 연구를 통해 증명되었다. 즉 재능도 길러질 수 있다는 것이다. 또 재능보다는 노력이다. 죽을 힘을 다해 뛰는 성실한 노력은 게으른 재능을 압도한다. 노력하는 척, 공부하는 척이 아니라 몰입의 경지에 이를 수 있어야 한다. 결국 단순한 노력이 아니라 의식적인 훈련 방법을 길러야 한다.

마지막으로 '공감'과 '시간'이다. 내가 모르는 것이 무엇이고, 아는 것이 무엇인지가 이해의 시작이다. 이를 '메타인지'라고 한다. 메타인지를 통해 자신을 먼저 이해하고 타인과 소통하여 융합해내는 공감능력을 길러야 한다. 그리고 시간을 통제하는 법을 익혀야 한다. 아이들은 이러한 8개의 모험지능을 통해 모험생으로 자랄 수 있다.

그릿과 모험지능

나는 모험지능을 키우는 여덟 단어를 추려내는 과정에서, 학자들의 연구 대부분이 이 여덟 단어 중 일부를 포괄하거나 상호 참조한다는 것을 깨달았다. 그런데 이를 하나로 설명할 통합된 개념은 없을까? 모험지능을 설명하기 위한 이론적 개요를 만들기 위해 고민이 깊던 중에 심리학자 앤절라 더크워스의 『그릿(GRIT)』을 만났다.

"어떤 사람들은 성공하고 어떤 사람들은 왜 실패하는가?"

세계적인 경영컨설팅 회사인 맥킨지의 컨설턴트로 시작해서 고등학교 교사로 전직한 후 아이들의 학습성과 차이에 의문을 품었던 그녀는 10년이 넘는 연구 끝에 다음과 같은 등식을 완성했다.

재능×노력 = 기술

기술×노력 = 성취

　쉽게 설명하면, 재능을 가지고 노력을 기울일 때 기술이 향상되며, 이 습득한 기술을 가지고 노력을 기울일 때 성취가 이루어진다. 그녀는 재능을 속도로 정의했고, 이 2개의 식을 하나의 등식으로 다시 정리했다.

성취 = 재능×노력^2

　앤절라 더크워스에 따르면 재능보다 노력이 두 배 더 중요하다. 또한 역사적으로 업적을 남긴 사람들의 전기를 분석하며, 이들의 성공은 재능과도 IQ와도 명확한 상관관계를 보이지 않았으나 열정과 지구력은 일반인들과 확실히 달랐다는 것을 밝혀냈다.

　그녀에 따르면, 성공의 비법은 재능도 IQ도 아니고 열정적 끈기의 힘인 '그릿(GRIT)'이었다. 참고로 그릿은 성장(Growth), 회복력(Resilience), 내재적 동기(Intrinsic Motivation), 끈기(Tenacity)의 줄임말이다.

　그녀의 연구 결과는 신선한 충격이었다. 그릿은 성공한 이들이 재능을 타고나거나 DNA가 좋거나 혹은 금수저라는 논란에 건강한 전환점을 제시했다. 그릿이 각광을 받은 이유는 아마도 양육환경, 부모의 DNA, 타고난 재능이 아니어도 성공할 수 있다는 실증적 결과 때문이 아닐까 한다.

92

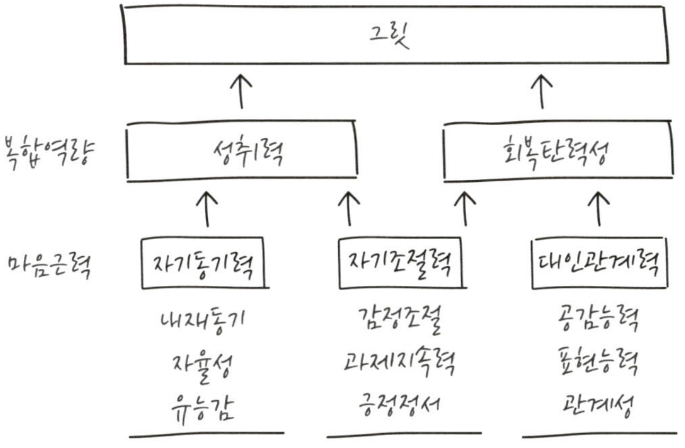

출처: 그릿연구소(www.gritt.co.kr)

그릿은 모험생에게 필요한 거의 모든 조건을 담고 있다. 그녀가 제안하는 '그릿을 기르는 4가지 방법(관심, 연습, 목적, 희망)'을 보면, 그 안에 모험지능의 모든 요소들이 포함되어 있다.

그러나 그것이 모험생의 전부를 대변할 수는 없다. 그릿에 대해 비판적 여론 또한 없지 않다. 『탁월함에 중독된 사회, 그릿 열풍에 묻는다』(주간조선, 2441호)는 그릿이 우리나라에서 주로 입시연구소, 학원 전문가와 코칭전문가들의 강연장에서나 환호받는다고 지적한 바 있다. 그릿이 탁월한 이론임에는 분명하지만, 사회적 여건과 가정환경을 배제했으며 노력 만능주의에 일조한다는 것이다. 나 또한 이런 주장에 동의한다. 사회의 제반 여건, 특히 아이들이 자라는 가정환경에 대한 고려가 미흡하다. 더욱이 그녀가 제안하는 그릿을 키우는 대안들은 우리나라의 현실에 딱 떨어지기 어려운 것도 사실이다. 그녀는 방과 후 수업 참여나 다양한 과업을 독려하라고 하지만, 학교가 끝나면 모두 학원으로 빠져나가고, 친구들과 함께하는 운동이나 팀워크 기반의 프로젝트보다는 피씨방에서 게임을 하거나 집에서 스마트폰을 보며 뒹구는 아이에게 그녀가 제시한 방법론은 한계가 있다.

그래서 나는 그릿의 내부구조를 우리나라 부모들이 가장 많이 이야기하고 고민하는 8가지 기제로 다시 쪼개어, 세밀한 보완과 현실에 맞는 구체적인 방법론을 제시하고자 한 것이다.

그릿은 끈기와 열정이 결합된 개념이다. 그릿이 끈기를 근간으로 하고 있다면, 모험지능은 열정, 재미, 흥미, 즐거움이 먼저인 개념이다. 또한 그릿이 노력으로 재능을 이길 수 있다는 노력지향적 이론이라면, 모험지능은 아는 것과 모르는 것을 연결하고 융합하여 새로운 것을 만들어낼 수 있는 창발적 개념이며, 실패와 시련을 두려워하지 않고 앞으로 전진할 수 있는 용기를 품은 진취적 개념이다.

중요한 것은 IQ, EQ가 아닌 AQ

교육자 입장에서 속어를 아이들에게 바로 가르칠 수는 없겠으나, 아이들이 "모험지능이 뭐예요?"라고 물으면, 나는 웃으며 '깡다구'라고 설명해준다. 성인도 그렇거니와 아이들은 알아들을 수 있고 마음에 꽂혀야 행동으로 실천할 수 있기 때문이다. 모험지능을 좀 더 이해하기 위해 깡다구와 비슷한 말을 찾아보자.

그릿보다 명확하게 와닿는다. 의미를 규정할 때 사전적 의미에 관심이 많은 내 관점에서는 '뚝심'과 '배짱'이 가장 유사하다.

모험지능은 정서적으로는 깡다구란 의미를 포함하지만, 융합하여 새로운 것을 만들 수 있는 생각하는 힘과 사회적으로는 소통하는 힘도 포함한다. 한 사람이 끌고 가는 '1인 천재의 시대'는 끝났고, 소통하고 공감하고 융합하는 시너지가 변혁의 에너지를 만들기 때문이다.

강의를 할 때 모험지능을 언급하며 꼭 들려주는 이야기가 있다. 내가 큰아이를 사립초등학교에 보내겠다며 꽤 유명한 설명회들은 다 쫓아다니던 극성맞던 시절이었다. 학교마다 영어를 잘한다거나 방과후 학교가 잘되어 있다거나 수준별 수업을 한다는 등 특색을 홍보했다. 그런데 어느 초등학교 교장 선생님은 다른 학교와는 사뭇 다른 말을 했다.

"비가 오면 비를 맞고 다닐 수 있어야 합니다. 비에 바짓단도 젖고, 우산도 써보고, 무거운 학교 가방도 들어보고, 학교는 그렇게 다니는 겁니다. 비 온다고 자동차에 태우고, 춥거나 덥다고 자동차로 학교에 데려다주면, 아이는 언제 비를 맞아보고, 언제 추운 걸 배우겠습니까?"

어떻게 키울 것인가? 무엇을 키워줄 것인가? 이것은 부모의 선택이다. 부모가 키워주어야 할 것은 IQ도 EQ도 아닌 AQ(Adventurous Quotient), 즉 모험지능이다. 깡다구 좋은 모험생들이 넘치는 다음 세상, 모험지능이 IQ나 성적을 넘어 기준이 되는 세상, 문제아들이 문제작으로 대우받는 세상, 이것이 모험지능이 이끌어가는 세상이다.

당신의 GRIT 점수는?

*각 문항을 읽은 후 다음과 같이 점수를 기록한다.
 1점=전혀 그렇지 않다, 2점=그렇지 않다, 3점=보통이다, 4점=어느 정도 그렇다, 5점=매우 그렇다

01 나는 목표가 정해지면 시간이 오래 걸려도 꾸준히 해나간다. ________

02 나는 한번 시작한 일은 끝까지 해낸다. ________

03 나는 한번 실패했더라도 포기하지 않고 다시 시작한다. ________

04 나는 내 감정을 잘 다스린다. ________

05 나는 기분이 나빠져도 마음만 먹으면 괜찮아질 수 있다. ________

06 나는 스트레스를 받아도 짜증내지 않고 차분한 마음을 유지할 수 있다. ________

07 나는 행복한 사람이다. ________

08 나의 성격은 긍정적이다. ________

09 나는 내 삶이 가치 있다고 생각한다. ________

10 나는 마음만 먹으면 다른 사람의 호감을 얻을 자신이 있다. ________

11 나는 처음 만난 사람에게라도 신뢰감을 줄 수 있다. ________

12 나는 다른 사람의 마음을 잘 이해할 수 있다. ________

13 내가 어려운 일을 당한다면 나를 도와줄 친구가 많다. ________

14 나는 힘들 때 의지할 수 있는 친구가 있다. ________

15 심심하거나 우울한 기분이 들 때 내 이야기를 들어줄 친구가 있다. ________

16 나는 많은 사람 앞에서 자신 있게 발표할 수 있다. ________

17 나는 갑작스럽게 발표를 해야 하는 상황에서도 떨지 않고 잘할 수 있다. ________

18 나는 친구들을 잘 설득할 수 있다. ________

75점 이상=매우 높은 편(상위 10%), 70점 이상=높은 편(상위 20%), 61점=우리나라 청소년 평균,
50점 이하=낮은 편(하위 20%), 47점 이하=매우 낮은 편(하위 10% 이하)

출처: 그릿연구소

아이의 그릿을 키우는 4가지 방법

"그릿은 유전이 되나요?"

앤절라 더크워스는 강연을 나갈 때면 이런 질문을 받는다고 한다. 앞에서 말했듯, 그릿은 유전자의 영향을 받는 것이 아니라 후천적인 노력과 경험에 의해 훈련된다. 그러므로 우리는 이렇게 물어야 한다.

"그릿을 어떻게 키우나요?"

그릿을 키우기 위해 더크워스가 제시하고 있는 방법은 다음과 같다.

1. 관심사를 분명히 하라

그녀에 따르면, 사람들은 좋아하고 흥미로운 일을 할 때 즐겁게 성공했다. 그런데 열정은 어느 날 갑자기 신이 주는 계시처럼 일순간에 발생하는 것이 아니다. 내가 그녀의 연구에서 가장 공감한 부분이다.

관심사는 자기성찰을 통해 발견되지 않는다. 외부세계와의 상호작용이 계기가 되어 흥미가 생긴다.

첫 접촉, 혹은 단발적 경험으로는 그 일이 자기가 좋아하는 일인지 깨닫기 어렵다. 지속적 관심을 가지고 시간을 들여 찾아야 한다.

2. 질적으로 다른 연습을 하라

노력이 재능보다 중요하다. 최고가 되려면 '의식적인 연습'을 해야 한다. '10년간 1만 시간의 법칙'은 널리 알려져 있지만, 중요한 것은 연습의 품질이다. 아마추어와 프로를 가르는 것은 연습의 목적성이다. 목적성 있는 연습은 휴식보다 달콤한 성취감을 가져온다. 이것이 '몰입'이다.

몰입의 대가인 심리학자 미하이 칙센트미하이가 말하는 몰입은 '몸이 저절로 움직이는 듯한 느낌'이 동반된 황홀경이다. 준비하는 과정에서 의식적인 연습이 필요하고, 실제 행하는 과정에서 몰입이 발생한다. 연습을 습관화할 것, 나는 이를 '루틴'으로 설명한다. 시간과 장소를 고정해야 한다.

3. 이타심을 가지고 '높은 목적의식'을 가져라

타인의 행복에 대한 관심과 의도를 '이타심'이라고 한다. 앤절라 더크워스는 이타심을 그릿의 동기로 정리하고, 목적의식을 기르는 3가지 방법을 제안한다. 즉 사회에 공헌할 수 있는 일, 자신을 성장시키는 일, 그리고 롤모델을 찾으라는 것이다. 그녀에 따르면 하늘에서 내려준 천직은 없다. 장기적인 목적의식을 가진 이타적인 가치들이 그릿을 키운다.

4. 희망을 품어라

시련이 왔을 때 어떤 사람은 강해지지만 어떤 사람은 무너진다. 그녀가 '나약한 우등생'이라고 하는 이들은 어린시절 역경이나 시련을 거의 경험하지 못했다. 성공하는 데에만 익숙해 실패할 줄 모르며 실패를 극도로 두려워하고, 큰 실패에 부딪히면 일어설 줄 모른다. 심리학 교수인 캐롤 드웩에 의하면 바로 고정형 사고방식을 가진 이들이다.

다음의 설문을 보자. 당신은 몇 번에 동의하는가?

① 지능은 매우 근본적인 자질이어서 노력한다 해도 크게 바뀌지 않는다.

② 새로운 것들을 배울 수는 있다. 하지만 그렇다고 지적 수준이 크게 바뀌지는 않는다.

③ 지금 당신의 지능이 아주 높다 하더라도 언제든 크게 바꿀 수 있다.

④ 당신의 지적 수준을 근본적으로 바꿀 수 있다.

①, ②번에 동의한다면 당신은 고정형 사고방식을 소유한 사람이며, ③, ④번에 동의한다면 성장형 사고방식을 가진 사람이다.

40년간 청소년의 성취 분야를 연구해온 캐롤 드웩 교수에 따르면, 성공은 사람이 가진 마인드셋의 결과이다. 학습적 정보를 건네면 성장형 사고방식을 가진 이들의 뇌파에만 파동이 일었으며, 이들은 장애를 만나면 자신에게 능력이 없는 것이 아니라 더 노력하면 된다고 믿는다. 반면 고정형 사고방식은 재능과 지능을 믿는다.

무심결에 아이들에게 고정형 사고방식을 심어주는 부모의 말을 경계해야 한다. "참 잘하네. 타고났네."라는 말은 고정형 사고방식을 강화하는 말들이다. "열심히 하는구나. 잘한다."라는 말이 성장형 사고방식을 키워준다.

고정형 사고방식을 키우는 부모의 언어습관	성장형 사고방식을 키우는 부모의 언어습관
"정말 잘한다. 역시 내 아들/딸이야."	"정말 잘한다. 몰입하더니 해내는구나. 엄마는 이후가 더 기대되는데."

"결과가 안 좋았구나. 노력했으니까 괜찮아. 실망하지 말자."	"결과가 안 좋았구나. 어떤 점이 힘들었어? 엄마가 무엇을 도와줄까?"
"만점을 맞았구나. 참 잘했다. 역시 우리 아들/딸 공부는 타고났구나."	"만점을 맞았구나. 참 잘했다. 우리 아들/딸 다음 계획은 뭐야?"
"그 친구는 유학을 다녀왔잖아. 너보다 영어를 잘하는 게 당연한 거야."	"그 친구는 유학을 다녀왔다고? 유학 말고도 영어를 잘하는 방법은 아주 많아. 함께 알아볼까?"
"엄마도 수학을 못했어. 엄마 닮았나 보다. 대신 너는 영어를 잘하잖아."	"엄마도 수학을 못했어. 엄마는 미리 포기한 게 너무 후회된단다. 수학 공부를 제대로 해보지도 않았거든. 시도해본다면 분명 나아질 거야."
"어려웠다고? 못해도 괜찮아. 다 잘할 수는 없어."	"어려웠다고? 처음에는 누구나 그렇게 느낄 수 있어. 다음에는 이번만큼 어렵지 않아."
"발표에 자신 없는 건 네가 내성적이라서 그래. 이번에는 외워서 수행평가는 넘어가보자."	"발표에 자신 없는 건 네 소질 탓이 아니야. 그건 노력과 훈련으로 얼마든지 잘할 수 있어. 김제동도 스티브 잡스도 훈련을 통해 발표를 잘 하게 된거야. 그런 사람이 정말 많단다."
"기타가 어려우면 피아노를 쳐볼래?"	"기타가 어려우면 조금 더 연습해보자. 그러고도 하고 싶지 않다면 그때 다른 악기를 생각해보자."
"이건 너에게 안 맞나보다. 다른 게 있을 테니 걱정하지 마."	"이제 시작이잖아. 우리 목표를 잘게 잘라서 잡아보자. 차근차근 목표에 도달할 수 있도록 내가 이끌어줄게."
"우리 아이는 모범생이에요."	"우리 아이는 겁이 없어요."

* 내가 아이에게 자주 하는 말 중에서 성장성을 가로막는 말, 실패에 대한 두려움부터 가르치는 말을 적어보자. 그리고 앞에서 소개한 긍정적 언어습관을 참조하여, 나의 부정적 언어습관을 어떻게 바꿀지를 생각하고 써보자.

고정형 사고방식을 키우는 나의 언어습관	성장형 사고방식을 키우기 위해 내가 바꿀 말
01	
02	
03	
04	
05	
06	
07	

습관: 사소한 시작, 위대한 결과

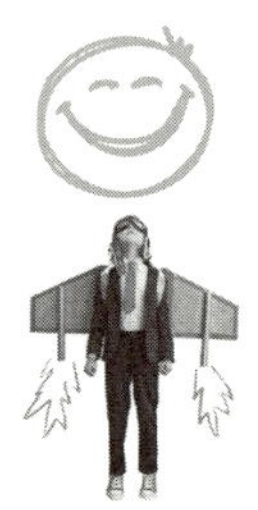

모범생은 잘 정리된 책상에 앉아서 바른 자세로 공부하고, 모험생은
그렇지 않을까?

모범생은 정해진 규범과 규율에 순응하고 짜여진 틀 안에서, 즉 일
상의 시간표 내에서 최선을 찾는다. 하지만 모험생은 일상의 시간표
를 전복해 모험거리를 만들어낸다. 역으로 말하면, 숙련된 습관을 길
러 시간을 통제할 줄 아는 모험지능을 만들어주어야 모험생으로 자랄
수 있다. 비슷한 일상 속에서 모험을 즐길 여가를 만들려면, 정확한
습관을 가지고 빠른 시간 안에 부여받은 과업을 해낼 수 있도록 훈련
해야 한다. 그래서 모험지능의 첫 번째는 '습관'이다.

그만큼 아이의 습관 만들기는 부모에게 커다란 과제이다. 그렇다면 도대체 아이의 습관은 왜 이리 잡히지 않는 것일까?

교육업에 입문한 지 12년, 그간 내 연구는 습관 연구와 다를 바 없었다. 개념을 먼저 이해하고 문제풀이 훈련이 붙는 수학과 달리, 영어는 기능 과목이다. 단어와 문장을 외우고 소리에 노출시켜야 기본적인 언어를 구사할 수 있게 된다. 이중에서도 원어민 수준에 근접하는 데 필요한 학습시간을 대략 5,000시간으로 꼽는다. 그런데 이 과정을 수료하는 아이는 약 40만 명 중 1%에도 미치지 못한다.

태어나면 배변 훈련, 이빨이 나기 시작하면 양치질부터 시작해서 학령기가 되면 공부습관까지, 사람의 인생 전체가 습관 형성 프로젝트라고 할 수 있다. 어려서 습관 붙이기에 성공하지 못하면 어른이 되어서도 난공불락의 정복 대상으로 남는다.

그런데 왜 어떤 아이는 습관이 되어 5,000시간의 학습 과정을 견뎌내는데, 어떤 아이는 매일 1시간의 공부 분량조차 채울 수 없는 것일까?

습관의 3가지 구성요소

습관에 대한 연구이론은 자녀교육 면에서 보면 크게 습관을 바꾸는 법, 습관을 붙이는 법으로 나눌 수 있다.

하버드 MBA 출신이자 뉴욕타임스 기자인 찰스 두히그는 『습관의 힘』에서 습관의 비밀을 공개한다. 그는 매일 오후 초콜릿칩 쿠키를 사 먹는 습관이 있었다. '건강에 나쁜 줄 뻔히 아는데, 왜 이 습관을 고치기가 이렇게 힘들까?' 그는 습관이 왜 이리 강력한지, 어떻게 하면 바꿀 수 있는지 취재와 연구를 시작했다.

그 결과, 그는 '인생에서 무려 40%는 의사결정이 아닌 습관'에 의해 결정된다는 결론을 내렸다. 또한 습관은 '신호-반복행동-보상'의 3가지 구성요소로 형성된다는 것을 알아냈다.

'신호'는 어떤 습관을 사용하라고 명령하는 방아쇠 역할을 하며, 이것이 '반복행동'이 되며, 그 행동의 결과로 '보상', 즉 만족감을 느낀다. 이것이 되풀이되면 습관은 자동적으로 반복하는 패턴으로 나타나게 된다. 나쁜 습관을 고치려면 의식적인 노력을 해야 하며, 뇌가 새로운 습관고리를 앉히는 데는 대략 21일이 걸리는 것으로 알려져 있다.

나쁜 습관을 없애는 것도 어렵지만, 좋은 습관이 자리잡게 하는 것도 쉽지 않다. 좋은 습관이 자리 잡으려면 반복행동이 필요한데, 어른도 아이도 반복을 싫어하고 습관으로 자리잡을 때까지 견뎌낼 호흡이 길지 않기 때문이다. 같은 미국 영화를 20번만 보면 귀가 뚫리고 유창하게 말을 튼다는데, 2번 보기도 쉽지 않다. 그렇다면 어떻게 해야 할까?

모험생을 만드는 5가지 작은 습관

아이들을 모험생으로 키우며 느낀 5가지 습관 목록을 소개한다.

1. 작게 쪼갠다

앞에서 소개한 찰스 두히그는 습관의 '실천'보다는 습관의 형성 고리와 이를 통한 극적인 변화에 주목한다. 그러나 나는 부모의 입장에서

1. 작게 쪼갠다

2. 운동습관부터 잡는다

3. 공부습관은 사소하게 시작한다

4. 노는 습관이 창의성을 만든다

5. 엄마의 습관부터 검토하자

'습관의 시작'에 더 많은 관심을 가졌다. 그래서 주목한 것이 스티븐 기즈의 작은 습관 실천법이다.

스티븐 기즈는 운동과는 거리가 멀었고 게으른 습관을 가지고 있었는데, '매일 팔굽혀펴기 1번'을 목표로 세웠다. 그런데 이 작은 시작이 가져온 삶의 변화는 놀라웠다. 그는 '작은 습관'의 힘에 주목하고 '작게, 작게 시작하라'고 한다.

공신 『강성태의 66일 공부법』의 서문을 보면, 66일은 습관을 잡기 위해 필요한 최소의 시간이다. 그는 평생 할 수 없을 거라는 턱걸이에 도전했다. 시작은 퇴근 후 집에 들어가기 직전 하루 딱 1개의 턱걸이. 처음에는 그저 철봉에 매달리는 수준이었지만, 어느덧 가볍게 해내는 수준이 되었다.

작은 습관으로 시작하면 사소하지만 의미 있는 승리들을 자주 맛볼 수 있다. 작은 습관의 또 다른 장점은 시작 전 거부감을 없앨 수 있다는 것이다.

둘째는 어릴 때 소심하고 자신감이 없어서 운동을 시작한다는 것 자체에 두려움이 있었다. 당시 과체중이어서 강도 높은 복싱을 권했는데, 전혀 하려 하지 않았다. 그래서 첫날은 등록만 하고 수업을 구경하게 했다. 일주일이 지나도록 시작하지 않았다. 그다음 주는 일단 운동화만 신고 앉아 있었다. 그러다가 보고 앉아만 있는 것이 지루했는지 복싱 글로브를 껴보고 싶어했다.

나는 그동안 그저 다녀오라고만 했다. 정규수업을 시작했는지, 어땠는지도 묻지 않았다. 그렇게 한 달 넘게 머뭇거리던 아이는 1년 넘게 복싱을 배웠다. 그 사이 키도 많이 자라고, 무엇보다 고도비만에서 벗어날 수 있었다.

작은 습관이 만드는 커다란 결과는 누적된 소소한 승리들이 겹겹이 싸여 만들어진 것이다. 아이의 습관을 형성하려면 일단 아주 사소하고 작은 행동부터 시작하게 해보자.

2. 운동습관부터 잡는다

누구나 평생 즐기는 운동 하나는 있어야 한다. 내가 항상 최우선으로 주장하는 것이 운동습관이다.

먼저 몸으로 운동습관을 들인 아이들은 다른 생활습관도 잘 잡고 공부습관도 좀 더 쉽게 잡는다. 몸으로 각인된 습관은 인생의 큰 고정자산이 된다. 그래서 공부가 아니라 운동습관이 최우선이다.

그런데 운동과 공부는 상관관계가 있을까? 연구에 의하면 답은 '그렇다'이다. 운동을 하면 기억력과 사고력을 주관하는 전두엽이 커지고, 뇌세포 생성뿐만 아니라 인지능력 향상에도 도움을 준다. 학계에서는 신체활동이 뇌의 성장과 발달, 나아가 뇌의 노화 억제에도 큰 영향을 준다고 본다. 특히 유산소 운동이 큰 역할을 하는 것으로 알려져 있다.

일본의 엄마들은 어려서부터 체력을 가장 먼저 키워야 할 자산으로 생각한다. 그래서 바깥에서 뛰고 몸으로 노는 것을 중시한다. 겨울에도 맨발에 반바지를 입혀 하체를 강화하는 것이 도움이 된다고 믿는다. 나는 일본이 노벨상 수상자를 26명이나 배출한 배경에는 체력을 중시하는 교육 시스템이 한몫했을 것이라고 생각한다.

모험가는 머리가 아니라 몸으로 가슴으로 배운다. 두려움을 이기고 시작하는 용기와 장애물이 있어도 기어이 해내는 근성은 운동선수들이 훈련 과정에서 체득하는 최고의 가치이다. 운동은 일상에서 키울 수 있는 가장 좋은 모험생 습관이다. 모험생을 키우려면 운동습관부터 잡아라.

3. 공부습관은 사소하게 시작한다

수십만 회원들의 학습 행태에 대해 연구하며 발견한 비법도 '작은 습관'이었다. 첫 날은 아이가 모르는 신출 단어에 줄긋는 법을 알려주고, 다음날은 영어음원 듣는 법, 그다음에는 숙제를 위한 워크북 쓰는 법을 차근히 가르쳤다. 가랑비에 젖듯 조금씩 공부의 범위를 늘려주었다. 작게 시작하니 아이도 부담 없이 시작하여 적응했고, 부모도 부담을 주지 않고 느긋이 기다릴 수 있었다.

　실제로 작은 습관은 성공 가능성이 높고 결국 커다란 결과를 가져다준다. 그런데 부모들은 왜 작은 습관에 주목하지 않을까? 시작이 아니라 큰 결과만 바라보기 때문이다. 아이가 어릴 때는 사소한 행동 하나에도 열광했지만, 자라면서 기대치와 목표치도 높아지니 결과만 보고 작은 시작을 간과해버린다. 그래서 공부습관도 시작부터 실패하고 만다.

　큰 목표를 작은 목표로 쪼개자. 목표를 한 달로 나누고, 다시 일주일로, 그리고 하루로 쪼개자. 작은 목표를 이룰 때마다 성취감이 공부습관을 굳히는 최고의 자원이 된다.

　매일 조금씩 개미처럼 진행하지만, 전체의 맵을 잊지 않도록 달력을 활용하는 것이 좋다. 우리집 아이들이 문제집 한 권, 책 한 권을 어렵지 않게 스스로 소화할 수 있게 자란 것도 성취감이라는 작은 승리를 매일 경험할 수 있었던 덕분이다.

　중국의 쿵푸 연습생들은 어려서 심은 묘목 위를 매일 넘는 연습을 한다. 처음에는 아주 작은 묘목이지만 나무가 점점 자라면서 아이는 나무의 키만큼 점프를 하게 된다. 더딘 듯 그러나 쉬지 않고 하늘을 향해 자라는 나무는 10년이 되면 사람의 키를 훌쩍 넘는 거목이 된다. 중국의 도술 고수들이 집채만한 거목을 뛰어넘는 점프 기술을 가지게 된 훈련 비법으로 영화에 자주 등장하는 장면이기도 하다. 목표 쪼개기도 이와 다르지 않다.

목표 쪼개기 사례

큰 목표	책 100권 읽기
중간 목표	3년 동안 100권 읽기
작은 목표	1년에 33권 읽기
1개월 목표	3권 읽기
1주일 목표	1권 읽기
1일 목표	약 30쪽 읽기

큰 목표	스스로 방 정리하기
1개월 목표	매월 마지막 주 일요일에 방 청소하기
1주일 목표	일요일마다 책상 정리하기
1일 목표	침대 정리하기

큰 목표	사설, 기획 기사 1주에 하나씩 요약하기
중간 목표	좋은 기사, 사설 1주에 하나씩 필사하기
작은 목표	좋은 기사, 사설 1주에 하나씩 3번 낭독하기
1개월 목표	매일 기사 1개 정독하기
1주일 목표	매일 신문 타이틀 읽어보기
1일 목표	신문 펴보기

큰 목표	일반인 자전거 경주에서 우승하기
중간 목표	1년 후 자전거 경주에 참여하기
6개월 목표	구간 완주하고, 경주자 평균 기록에 도전하기
1개월 목표	경주 구간 나눠 달려 시간 측정하기
1주일 목표	주말에 한강에서 2시간 동안 집중 훈련하기
1일 목표	실내자전거 30분 타기

아이의 습관 목표 쪼개기

* 아이와 의논하여 목표를 잡은 다음에 그 목표를 쪼개보자. 잘게 쪼갤수록 실천이 쉽다. 욕심내지 말고, 일단 2개의 목표만 잡아보자. 하나는 일상의 습관과 관련된 목표, 하나는 꿈과 관련된 습관 목표로 잡는 것을 권한다.

일상의 습관과 관련된 목표 쪼개기

큰 목표	
중간 목표	
6개월 목표	
1개월 목표	
1주일 목표	
1일 목표	

꿈과 관련된 습관 목표 쪼개기

큰 목표	
중간 목표	
6개월 목표	
1개월 목표	
1주일 목표	
1일 목표	

4. 노는 습관이 창의성을 만든다

아이들이 어렸을 때 우리집은 매일이 엄마표 놀이터였다. 항상 아이들과의 시간이 고팠던 나는 매일 무엇을 하고 놀까 궁리했다. 하얀 전지를 거실 벽과 바닥 전체에 붙여놓고, 물감을 풀어 손발을 찍고 페인트 붓으로 그림을 그리며 놀았다. 베란다에 볼풀을 만들고 인조 모래나 밀가루, 쌀 같은 걸 풀어놓고 놀았다. 제빵 기술을 배워서 함께 빵도 만들고 쿠키도 만들었다. 장마철에는 비옷을 입고 아무도 없는 텅 빈 놀이터에서 껑충거리며 놀았다.

모험생들은 혼자 놀기의 대가들이다. 혼자 부스럭거리고 뒹굴거리고 멍 때리는 시간이 필요하다. 뇌를 쉬게 해줘야 창의성도 싹튼다. 공부습관만 붙이라 하지 말고, 노는 습관을 잊지 않게 했으면 한다. 마음껏 놀고 실컷 쉴 수 있는 시간을 주어야 한다. 잘 노는 아이가 공부도 잘하고, 잘 노는 아이가 인생도 즐겁게 산다.

5. 엄마의 습관부터 검토하자

아이 습관을 잡기 전에 엄마의 습관부터 검토해야 한다. 자기는 옆으로 걸으면서, 아이는 앞으로 걸으라는 부모들이 있다. 자신의 습관도 고치지 못하면서 아이의 습관을 잡으려고 든다면 말이 되겠는가.

잔소리하는 습관부터 바꿔보자. 일주일만 내가 아이에게 자주 하는 말을 기록해보자. 그러면 내가 아이에게 어떤 말을 하는지, 아이가 잔소리라고 느낄 만한 말들을 하루에 몇 번이나 하는지 알 수 있다. 그리고 찰스 두히그가 말하는 습관의 고리를 발견할 수 있을 것이다.

01 ______________________________

02 ______________________________

03 ______________________________

04 ______________________________

05 ______________________________

06 ______________________________

07 ______________________________

잔소리는 엄마 본인에게도 나쁜 습관이지만, 아이에게는 최악의 습관이 된다. 특히 모험지능이 높은 아이들은 자존감과 반항심이 높기 때문에 잔소리가 통하지 않는다.

정리하면, 공부습관도 중요하지만 운동습관을 최우선으로 하고, 무엇보다 노는 습관을 붙여주자. 순서로 따지자면, 운동습관, 노는 습관, 그리고 공부습관이다.

운동을 하면 공부의 모든 원칙을 깨우치게 되어 있다. 죽어라 공부하고 운동만 하는 것이 아니라 스스로에게 달콤한 보상, 휴식을 주고 노는 것도 알아야 한다. 노는 사이에 모험생의 뇌는 가장 발달한다.

동기와 습관

아이에게 습관 붙이기가 쉽지 않기 때문에, 부모들은 동기에 의존하려고 한다. 우리는 주변에서 보상을 통해 동기를 불러일으키려고 하는 부모들의 고전적인 방식을 많이 볼 수 있다.

"엄마 말 잘 들으면 과자 줄게."

"문제집 다 풀면 텔레비전 보게 해줄게."

부모들이 동기에 의존하려는 이유는 아이에게 단기간의 몰입을 가져오는 유도효과가 크기 때문이다. 장난감이나 용돈, 게임 등으로 아이를 뜻대로 움직여본 부모는 이런 단기방책을 선호한다. 그런데 이런 방법은 보상의 매력이 떨어지면 몰입의 마술도 사라져 버린다.

나는 동기를 휘발성이 강한 일회성 기제로 보며, 애당초 아이의 동기가 오래 지속될 것이라고 기대하지 않는다. 스티븐 기즈는 동기와 의욕으로는 결코 습관을 만들 수 없다고 단언한다.

동기는 믿고 의지할 수 없다. 그것은 당신의 감정과 느낌을 바탕으로 하고 있기 때문이다. 인간의 감정이 유동적이고 예측 불가능하다는 사실은 이미 몇 세기에 걸쳐 증명되었다. (중략) 그렇게 변덕스럽고 불안한 것에 자신의 기대와 희망을 걸고 싶은가?

행동과학자들은 동기보다 습관을 믿는다. 습관은 동기와 달리 견고하며, 뇌에 저장되면 쉽게 바꿀 수 없을 만큼 단단한 전략이기 때문이다.

아이에게 동기부여 전략이 작동하려면 아주 간절해야 한다. 이는 어른조차 쉽지 않은 일이다. 또한 동기와 붙어 다니는 의지력이라는 감정은 한정된 자원인지라, 결국 빈약한 동기와 한정된 의지력으로는 목표에 도달할 수 없다. 기껏 운동하겠다고 마음먹고도 작은 방해물, 예컨대 비가 오거나 피곤하고 졸리기라도 하면 "내일하지 뭐."로 끝나고 만다.

열정도 마찬가지다. 무엇인가를 시작하는 가벼운 흥분감은 좋은 아군이지만, 기복 없는 견고함이 없다. 헬스장도 연초에는 열정 넘치는 신입 회원들로 넘치다가, 2월도 채 안 돼 빈자리가 늘어나지 않는가.

불완전한 동기는 다른 보완장치가 필요하다. 그것이 바로 습관이다. 습관이 모험지능의 첫 번째 단어로 등장한 이유를 이제는 알 수 있을 것이다.

동기: 드라이브, 동기3.0

"방을 깔끔하게 정리하면 게임 하게 해줄게."

"뽀뽀해주면 과자 사줄게."

우리는 아이에게 보상을 통해 동기를 불러일으키려고 한다. 아이가 자라도 보상의 내용이 바뀔 뿐, 이런 패턴은 크게 달라지지 않는다.

"1등급 받으면 스마트폰을 최신형으로 바꿔줄게."

"공부 잘해서 명문대 가면 네 인생이 편해져."

성인이 되어서도 이런 패턴을 자주 만날 수 있다.

"매출 목표를 달성하면 연말에 특별보너스가 200%가 나옵니다."

그런데 안타깝게도 다니엘 핑크는 성과 보상이 창조적 동기를 불러일으키지 못한다고 지적한다. 그가 세계적인 베스트셀러인 『드라이브』에서 소개한 실험을 보자.

심리학자인 에드워드 데시와 리처드 라이언은 24명의 학생들을 A그룹과 B그룹으로 나누어 세 차례에 걸쳐 소마 퍼즐을 풀게 했다. 첫 번째 실험에서는 그냥 풀게 했고, 몇 주 후의 두 번째 실험에서는 A그룹에게만 '퍼즐을 풀면 보상으로 현금을 주겠다'고 했다. 그러자 A그룹은 더 오랜 시간 퍼즐을 풀었다. 그리고 세 번째 실험에서는 A그룹에게 '이번에는 보상을 줄 수 없다'고 통보한 뒤 실험을 진행했다. 그러자 보상을 받은 경험이 있던 A그룹은 흥미를 잃어버리고 퍼즐을 푸는 시간이 줄어들었다. 보상, 즉 외적 동기는 단기적 효과는 가져올 수 있지만, 결과적으로는 흥미를 떨어뜨릴 수 있다는 것을 보여준다.

동기와 관련된 좀 더 근본적인 연구를 보자. 이번에는 실험에 원숭이들이 등장한다. 심리학자 해리 할로우는 원숭이 무리에 퍼즐을 집어넣고 관찰했다. 그런데 아무런 보상과 자극이 없었음에도 불구하고, 몇몇 원숭이들이 퍼즐에 관심을 보이며 풀기 시작했다. 그리고 13일째가 되자 그들 중 약 3분의 2가 퍼즐을 능수능란하게 풀게 되었다. 놀랍게도 원숭이조차 보상이 없는데도 자발적으로 학습과 훈련을 했던 것이다.

드라이브, 자발적 동기부여의 힘

앞에서 살펴보았듯, 우리가 겪어온 전통적 방식은 아이의 동기를 불러일으키는 데 더 이상 소용이 없다. "공부 잘하면 용돈을 올려줄게."라는 보상 전략도, "공부는 안 하고 게임만 하면 핸드폰을 뺏을 거야."

라는 식의 처벌 전략도 적절한 방법이 아니다.

보상을 바라고 공부를 하는 아이는 단기적으로는 성실한 학습자로 남겠지만, 장기적으로는 공부에 대한 흥미를 잃게 된다. 이러한 '만약 ~라면(if ~ then)'의 교육 시스템은 19세기 산업혁명 시대의 노동력을 길러내는 방식일 뿐이다.

결국 주목해야 할 것은 아이의 내적 동기, 자발적 동기이다. 인간은 창의적이고 흥미롭고 자기주도적인 존재이다. 자율성을 기반으로 한 내재적 동기가 있다면, 보상이 없어도 자발적으로 일을 만들고 즐길 줄 안다. 다니엘 핑크는 이를 '드라이브(동기3.0)'라고 정의했다.

모험지능의 두 번째 단어인 '동기'는 드라이브, 즉 '창조적인 사람을 움직이는 자발적 동기부여의 힘'이라고 할 수 있다. 그렇다면 아이의 내재적 동기는 어떻게 불러일으킬 수 있을까?

아이에게 의사결정권을 주어라

아이의 드라이브를 키우고 싶다면 자율성을 보장하고 목적성 있는 교육을 제공해야 한다. 아이는 '자율성'과 '창의성'으로 움직인다.

예를 들어보자. 아이에게 집안일을 돕도록 하는 것은 고전적인 교육방식이다. 그런데 다니엘 핑크는 용돈과 집안일을 주되, 둘을 분리하라고 제안한다. 이를테면 재활용쓰레기를 버리고 오면 용돈을 주는 것은 보상과 처벌에 의해 움직이게 하는 동기2.0 체제이다. 돈을 위해서가 아니라 가족의 일원으로서 해야 할 도덕적 의무로 돕도록 가르쳐야 한다(동기3.0). 즉, 집안일에 대한 보상을 주지 말고, 용돈은 용돈대로 따로 주라는 것이다.

나는 드라이브의 원리를 터득하고 아이들이 만든 동기의 기적을 여러 번 경험했다. 드라이브의 가장 큰 매력은 몰입을 가져온다는 점이다. 자율성이 수반된 동기를 불러일으키는 가장 수월한 방법은 아이에게 의사결정권을 주는 것, 바로 '자율성을 보장하는 것'이다.

자율성이 보장된 내적 동기는 효과적인 결과를 낳는다. 서희를 만났을 때 초등학교 4학년이었다. 어려서부터 유학에 관심이 많았고, 친하게 지내던 언니가 조기유학 가는 것을 보면서 자라서 자신도 그 언니처럼 유학을 가겠다는 동기가 생겼다. 부모를 졸라서 유학을 가겠다고 했지만, 부모는 어린 딸의 유학이 이르다고 생각하여 영어 공부를 열심히 하면 나중에라도 보내주겠다고, 또는 그때 유학 보낼 형편이 안 되면 국비 유학생이나 기업 지원 유학생으로 갈 기회가 생길 거라고 대답했다.

서희는 이후 새벽 5시면 일어나 EBS 회화 교재를 펴고 공부를 했다. 약 2년간 단 하루도 거르지 않고 이른 새벽 공부를 한 서희는 지금은 현지인들과 대화가 가능한 유창한 영어 실력을 보유하고 있다.

고매한 목표를 가지게 하라

보상과 처벌에 의해 움직이는 동기2.0이 이제 업그레이드되어 자율성과 창조성에 의해 움직이는 동기3.0, 즉 드라이브로 올라왔다. 나는 이 지점에서 다음과 같은 궁금증이 생겼다.

작은 습관의 힘의 주창자인 스티븐 기즈는 여전히 동기를 믿지 않을까? 업그레이드된 드라이브(동기3.0)마저도 습관에 비해 견고하지 못할까?

이후 나의 연구는 주로 동기를 유지하기 위한 방법으로 전환되었다. 아이들에게 지속력이 높은 동기는 무엇일까? 아이들이 앞을 향하여 나아가게 하는 지속성을 어떻게 보강할 수 있을까? 그 답은 고매한 목표를 주는 것이었다.

앤절라 더크워스를 비롯한 수많은 교육학자에 따르면, 아이가 스스로를 위한 동기가 아니라 남을 위한 이타적 동기를 가질 때, 그 동기가 오래 지속되었다. 아이는 낮은 목표가 아니라 높고 멀리 보는 목표를 가져야 한다.

아이의 인생 목표인 '꿈'을 학교에서는 '진로'라는 말로 표현한다. 꿈과 진로, 목표와 직업이 혼용되어 잘못된 교육을 낳고 있다. 직업만을 위한 공부야말로 가장 어리석은 짓이다. 아이의 꿈이 대기업 직장인, 교사, 공무원, 의사, 임원 같은 것이어서는 안 된다. 아이에게는 삶에 대한 자신만의 독창적이고 고유한 관점이 필요하다. 인생에 대한 가치가 제대로 섰을 때, 나를 위한 동기가 아니라 남을 위한 이타적인 가치를 지향할 때, 아이는 지치지 않고 뛸 수 있다.

아이가 꿈을 만지고 느낄 수 있도록 도와주어야 한다. 아이가 세상에 어떤 가치를 던지고 싶은지, 그래서 어떤 꿈을 꾸고 싶은지 매일 이야기하며 구체화해보자.

의주는 교실에서도 눈에 띄지 않는 아이였다. 가난한 집안 환경을 부끄러워했고, 감정표현도 서툴고 웃음도 적은 여중생이었다.

의주가 변화한 건 늦둥이 동생을 보고서였다. 철이 덜든 오빠의 사건, 사고로 늘 힘들어하는 부모님을 보고 자랐던 의주는 장사로 바쁜 부모를 대신해 어린 동생을 돌봐야 했다. 동생을 부모 대신 키우듯 하면서 의주는 교사가 되기로 마음먹었다고 한다. 처지가 비록 어렵지만 교사가 되어 자신과 동생 같이 도움이 필요한 아이들에게 좋은 선생님이 되고 싶다고 진로를 상담해왔다.

안정적이고 편안한 진로를 위해 선생님을 선택한 것이 아니라, 부모님을 돕고 자신의 동생을 잘 키우고 싶어서 좋은 선생님이 되고 싶다는 꿈을 가진 것이 인상적이었다. 의주가 선생님이 되었을 때, 나는 아이들 마음을 부모의 관점에서 읽어주는 훌륭한 선생님이 되리라고 확신한다.

고매한 목표를 만들자고 하면 이런 말을 하는 부모들이 제법 많다.

"아이가 고매한 목표를 가질 만큼, 아이의 일상에서 그런 드라마틱한 일이 일어나지 않아요."

고매한 목표라고 하면, 다들 자신을 희생하고 엄청난 일들이라도 만들어야 하는 걸로 안다. 아이의 일상에서 하는 교육이야말로 하루의 일상을 품격있게 만들고 결국 아이의 목표를 고매하게 만들 수 있다.

이타적인 인성과 인생의 고매한 목표는 어느 날 뚝딱 만들어지지 않는다. 매일을 살면서 주변과 타인을 위한 관심과 배려가 고매한 목표를 끌어낼 수 있다. 그렇다면 그것은 어떻게 이끌어낼 수 있을까? 사소한 일상 속에서 사소한 말로도 가능할 수 있다.

한번은 학부모 강연에서 엄마들에게 물은 적이 있다.

“어려서 들었던 부모의 말 중 가장 기억에 남는 말이 무엇인가요?”

어떤 학부모가 대답했다. 어릴 때 처음으로 라면을 끓였는데, 엄마가 말했단다.

“너무 맛있었어. 다음에도 또 부탁한다.”

첫 라면 끓이기에 도전한 아이는 이제 엄마, 아빠에게 맛있는 라면을 대접하는 이타적 동기가 생겼다. 대단하고 멋진 일에만 이타적 동기가 생기는 것이 아니다. 시켜서 하는 것이 아니라, 자발적이고 스스로 하고 싶은 마음, 그것이 내가 아니라 부모, 형제, 친구, 타인을 위한 마음으로 발전될 때 건강한 성장이 가능하다.

항상 일에 쫓기는 바쁜 엄마를 위해 재활용쓰레기를 버리는 아이, 아파서 장기 결석한 친구에게 학교 시험을 위해 자신의 노트를 내어주는 아이, 다리를 다친 친구의 등교길에 가방을 들어주고 기대라고 자신의 어깨를 내어주는 아이, 부모와 싸우고 학교와 충돌해 답답해하는 친구의 이야기를 들어주는 아이, 이 모든 일상이 아이의 이타심을 길러주는 텃밭이 된다.

학교에 제출할 봉사시간을 채우려는 봉사이거나 남들에게 보여주기식의 봉사가 아니라, 진짜 봉사를 찾는 노력 속에서 이타심에 대한 제대로 된 인생의 관점이 형성된다. 나의 불편함을 감수하고 자신의 시간과 노력을 타인을 위해 선뜻 내어줄 수 있는 이타심을 기르는 게 우선이다.

아이의 이타적 목표 리스트

* 앞에서 이타적 목표가 아이에게 어떻게 동기를 불러일으키는지를 살펴보았다. 아울러 고매한 목표가 대단한 것이 아니라, 일상에서 찾을 수 있음도 보았다. 아이와 의논하여 이타적 목표를 써보자. 처음부터 모든 칸을 다 채우려고 하지 말고, 한두 개 쓴 다음에 나중에 생기면 추가해보자.

01

02

03

04

05

06

07

08

끈기: 회복탄력성을 길러라

"우리 아이는 끈기가 없어요. 의지가 약한 거 같아요. 왜 이렇게 쉽게 포기하는 걸까요?" 수백 명이 모인 강의나 학부모 상담에서 자주 듣는 질문 중 하나다. 끈기 있는 어른을 찾기도 쉽지 않은데, 하물며 아이들에게 쉬운 일이겠는가.

앞서 살펴보았듯이 휘발성이 강한 동기가 중장기의 마라톤을 견뎌낼 수 있는 단단한 습관으로 가기 위해서 필요한 모험지능이 하나 더 있다. 바로 '끈기'이다.

끈기는 포기하지 않고 견디는 힘을 말한다. 사전적 정의는 쉽게 단념하지 아니하고 '끈질기게 견뎌나가는 기운'이다. 『회복탄력성』의 저자인 김주환 교수는 '견디는 힘'은 마음의 근육으로 시련을 견뎌내는 힘이며, 실패해도 다시 제자리로 돌아오는 힘이라고 정의한다. 끈기를 설명하는 또 다른 단어는 '지속성'이다. 즉 지루한 반복을 오랫동안 견디며 지속하는 능력을 말한다. 그럼 아이의 끈기를 키워주는 방법들을 알아보자.

1. '끈기 없다'고 단정하지 말자

먼저 이 이야기부터 하고 싶다. 상담 중에 많은 부모들이 "우리 아이는 끈기가 너무 없어요."라고 한다.

하지만 아이가 쉽게 과업을 포기했다고 해서 '끈기가 없다'고 섣불리 단정 짓지는 말자. 차라리 빨리 포기하고 다음 과업으로 이동하는 것이 전략적일 때도 적지 않다. 또한 아이가 끈기 없다고 부모가 생각하면, 아이 스스로 자신은 끈기가 없다고 여기며 자라게 된다.

그러니 아이가 과업을 쉽게 포기했다면, 그 과업이 아이가 진정 원하는 일이었는지부터 진지하게 다시 생각해보자. 부모가 원한 일이 아니었는지, 아이는 할 의사가 없었는데 강요한 것은 아니었는지부터 점검해보자.

가장 흔한 사례가 피아노이다. 아이는 배울 의사가 없는데 체르니 100번까지는 쳐야 한다는 세상의 기준으로 몰아붙이고, 포기하면 끈기가 없다고 다그친다. 체르니100번은 누구를 위한 기준인가? 그건 부모가 자랄 때 듣던 이야기가 아니던가.

스스로에게 물어보자. 나는 끈기 있는 엄마인가? 지속력을 가지고 있는 사람인가? 스스로 대답하기 쉽지 않을 것이다.

아이들이 끈기가 없는 것은 당연하다. 배우지 않았기 때문이다. 아이들이 지속할 수 없는 까닭은 그 방법을 모르기 때문이다. 부모가 지속하는 방법을 가르쳐주지 않고서 '끈기가 없다'고 몰아세우니 아이들로서는 억울한 일이다.

2. 칭찬보다 인정을 하자

행동과학에서는 좋은 결과가 그 행동을 강화한다고 한다. 쉽게 말해, 아이가 어떤 행동을 한 후에 결과가 좋으면 그 행동이 강화된다. 부모들이 가장 많이 쓰는 방법은 칭찬이다. 그러나 나는 '인정'을 강조한다. 자율성이 창의성을 끌고 왔듯이, 부모의 인정은 아이의 좋은 행동을 강화한다.

아이가 자신이 좋아하는 일을 할 때는 멈추지 않는다(계속하라고 잔소리할 필요도 없다). 한편 아이가 좋아하지 않는 일을 할 때 지속력을 길러주고 싶으면, 과업을 마쳤을 때는 다음과 같이 인정을 해주자.

> "정말 애썼다. 정말 멋진 일을 해냈어."
> "어떻게 이런 일을 할 생각을 다 했어. 엄마가 이번에 네가 노력하는 걸 보고 한 수 배웠다."
> "진짜 대단하구나. 마음먹으면 해내는구나. 엄마 마음이 다 뿌듯하다."
> "네가 노력하는 모습을 보니 엄마가 고맙다."
> "큰 결심을 했구나. 앞으로 정말 기대가 된다."

마찬가지로, 좋지 않는 일을 할 때 멈추는 방법도 인정을 해주는 것이다.

한때 게임에 중독되다시피 한 둘째를 구해낸 방법은 본인이 스스로 손을 놓을 정도로 허락해준 것이었다. 아이는 핸드폰을 만질 수 없는 학교와 학원 시간 외에는 밥 먹을 때, 심지어 장소를 이동하는 시간에도 게임만 하려고 했다. 상대적으로 시간이 더 많은 주말에는 핸드폰을 손에서 놓지 않았다. 잠 자는 시간까지 줄여가며 온통 게임이었다.

못하게 하는 부모와 게임에 빠진 아이 간에 실갱이가 자주 일어났다. 고민 끝에 방학 중에 일주일을 통째로 시간을 내주기로 마음을 먹었다. '하지 말라'는 어떤 잔소리도 하지 않았고, 잠을 안 자든 밥을 안 먹든 개입하지 않았다.

아이는 폐인에 가까울 정도로 하고 싶은 만큼 온종일 게임에 몰입했지만, 사흘이 지나더니 시들해졌다. 나는 조용히 기다렸다. 일주일이 채 걸리지도 않았다. "이제, 그만하자."는 내 말에 본인도 순순히 따랐다.

하고 싶은 대로 원 없이 한 것도 도움이 되었지만, 아이가 게임에 몰입한 이유는 친구보다 상위 랭킹에 오르려는 것임을 알게 되었다. 아이는 자신이 원하는 게임의 등수에 이르고 나자 흥미를 잃었다. 이후로 아이와 게임 때문에 싸워본 적은 없다. 오히려 그 등수를 따봐야 별게 없다며, 아이가 게임하는 친구들을 말리기도 한다. 끝까지 가본 덕분이다. 아이가 무엇을 원하는지 알게 된 것이 핵심이었다.

그러고 나서는 다른 게임을 하게 되어도 시간을 줄여가는 훈련을 했다. 게임을 약속한 시간보다 먼저 끝내거나 스스로 줄일 때 폭풍 인정을 해주었다. 어제보다 오늘 훨씬 시간이 줄었다고 구체적으로 행동을 칭찬해주기도 하고, 타자의 칭찬을 동원하기도 했다.

"진짜 대단하죠. 둘째가 마음먹으면 해내더라고요. 어찌나 대견하던지요."

어른도 힘든 일을 아이가 해냈다며 조부모 앞에서도 칭찬을 해주고, 동네 엄마들이나 여러 모임에서도 아이가 어떻게 게임 욕구를 이겨냈는지 칭찬하며 인정 심리를 자극해주었다.

"엄마가 고맙다."라는 마지막 말도 잊지 않았다. '고맙다'는 부모의 말은 그 어떤 인정의 말보다도 효과적이다. 게임에서 오는 보상보다 엄마와 주변 어른들에게서 오는 인정 보상이 크자, 아이는 게임 시간을 스스로 통제할 수 있었다.

3. 루틴을 만들어라

제임스 클리어는 헤밍웨이, 아서 밀러, 무라카미 하루키 등 위대한 작가 12명의 일상을 분석했다. 이들 대작가들부터 위대한 위업을 끌어낸 것은 영감이나 천재성이 아니었다. 매일 정해진 시간에 정해진 분량을 써내려간 근면한 루틴(routine)이었다. 루틴은 규칙적으로 하는 일의 통상적인 순서와 방법을 말한다.

그들은 정해진 시간, 정해진 장소에서, 정해진 일을 매일 계속하며 완수했다. 대체로 새벽에 일어나서 정해진 시간에 책상에 앉았고, 매일 산책이나 가벼운 운동을 했다. 매우 단조롭기 그지없는 일상 속에서 정해진 일과를 규칙적으로 수행하여 대작을 만들고 위업을 이루었다. 작가만이 아니라 성공한 많은 리더들이 그러했다. 이것이 루틴의 힘이다.

지속력을 키우고 싶다면 반드시 기억하라. 지속력의 비밀은 시간과 장소를 고정하는 것이다. 선택하게 하지 마라. 몸이 그 시간에 그 장소를 향하게 하여 고정된 시간과 장소에 묶으면 된다.

아이가 헬스장 등록을 하고서는 이 핑계 저 핑계 대며 가지 않으려고 했다. 나 역시 같은 패턴을 겪어봐서 알기에, 주중에 이틀을 아이와 나의 시간표를 묶었다.

월요일과 금요일 오후 5시 30분, 퇴근하자마자 아이 손을 잡고 집을 나섰다. 아이도 나도 시간과 장소를 고정하자 꼼짝할 수가 없었다. 비가 오건 눈이 오건 한겨울 한파에도 우리는 시간이 되면 집을 나섰다.

1달 정도 시간이 지나자 아이는 헬스장의 코치님들과 친분 관계를 만들었다. 이제는 나 없이도 헬스장에 먼저 가서 빨리 오라고 채근이다. 루틴이 승리한 결과이다.

4. 실패를 피하지 마라

작은 성공이 앞을 향해 나아가게끔 도와주듯, 실패의 경험은 아이 성장에 보약이 된다. 다시 일어설 수 있는 용기와 도전정신을 배양할 텃밭이 된다. 시련에 아플 수도 있지만, 아이에게 역경이 찾아왔다면 무조건 피해서는 안 될 일이다.

둘째에게 물었다. "네 인생에 가장 큰 실패는 뭐야?" 아이가 대답했다. "글쎄… 실패한 적 없지 않아요? 대신 혼나며 배우고 있지…"

세상의 눈에는 시험이고 공부고 매번 실패하는 아이로 보일 수도 있겠지만, 아이는 자신이 실패한 적이 없다고 생각한다. '혼났다'는 말도 사건, 사고를 경험하며 스스로 혼이 났다는 이야기다. 아이는 실패를 실패로 생각하지 않았고, 끈기를 키울 기회였다.

관점을 바꾸면 세상이 다르게 보인다. 우리가 문제아로 치부하는 아이들 중에서 자신만의 가치로 새로운 변화를 이끌어내는 이들이 분명히 많이 나올 것이다. 문제아들은 어쩌면 실패를 먼저 경험한 아이들이다. 다만 그 실패를 어떻게 극복하는지 제대로 못 배운 경우가 많다. 실패에 대한 관점과 실패에 응전하는 법은 모험생들의 필수 덕목이다. 실패를 겪지 않은 모험생들이 있을까? 그랬다면 아마 진짜 모험생이 아닐 가능성이 크다.

5. 마음근육, 회복탄력성을 길러라

내가 제일 우려하는 부모 유형이 아이가 스트레스를 받을까봐 주변에 미리 울타리를 치고, 사전에 스트레스를 차단하려고 백방으로 나서는 부모이다. 스트레스 백신이 있다면 아이에게 맞히고도 남을 부모들이다.

아이의 수행평가가 다가오면, 부모가 먼저 나서서 과제를 확인하고 답안지를 만들어놓고 연습부터 시키는 부모가 있는가 하면, 친구한테 나쁜 소리 한번 들었다고 그 부모에게 전화부터 걸거나 자신의 아이보다 남의 아이부터 단속하는 부모도 있다. 특히 체격이 작은 아이들의 부모들일수록 걱정이 많은 편이고, 학교에서 큰 아이들에게 피해를 당할까 걱정이다.

부모들은 아이가 왕따를 당할까 노심초사하여 상담을 청해오곤 한다. 부모가 미리 걱정하고 개입한다고 해서 일어날 일들이 완벽하게 차단되지는 않는다. 오히려 작은 일을 키우는 경우도 발생한다. 아이들끼리 해결할 수 있는 일이거나 해결해야 할 일들조차 부모가 섣부르게 개입해 악화되는 사건도 종종 경험했다. 다만 개입해야 할 적정 시기를 놓쳐 사건이 확대되는 경우도 있으므로 면밀히 관찰해야 한다.

시련을 털고 실패에서 일어날 때 생기는 마음의 근육을 '회복탄력성'이라고 한다. 회복탄력성은 아이 성장에 필수이며, 성공한 리더들의 공통적인 특성이다.

일상의 작은 스트레스를 견딜 줄 알아야 하며, 실수도 자주 경험하며 마음근육을 키울 수 있는 기회를 주어야 한다. 부모가 이를 경험할 기회를 걷어내면 시련에 약한 사람으로 자라게 된다.

둘째 얘기다. 새벽까지 수행평가인 영어 발표를 열심히 준비해 갔지만, 무대에 올라가니 하나도 생각이 안 나더란다. 기회를 두 번 받았지만, 서 있는 동안 머릿속이 백지가 되었다. "나 낙제했어."라며 외운 것을 몽땅 잊어버린 것은 자기 혼자라고도 했다.

친구들 앞에서 창피하지 않았을까 마음이 쓰여 괜찮으냐고 물으니, "공부로 최고가 될 것 아니니 부끄럽지 않았어요."라고 했다. 내가 너무 자신감 넘치게 키우는 것이 아닌가 싶으면서도, 한편으로는 다행이라는 생각이 들었다. 공부가 최고의 기준이 아니어서 다행이었고, 다른 분야에서 최고가 될 것이라는 자신감이 있어서 고마웠다.

세상을 바꾼 이들 중에는 대형사고를 당하거나 죽음의 문턱에서 살아난 이들이 많다. 내게 이런 시련이 일어난 이유가 분명히 있을 것이라고, 긍정적으로 사고를 바라본 사람들이 재활에 성공했다. 그중 일부는 세계적인 베스트셀러 작가나 동기부여 강사가 되었다. 회복탄력성이 그들을 재기시킨 것이다.

6. 부모부터 버티는 힘을 길러야 한다

끈기는 동기와 의지보다는 습관 쪽에 가깝다. 훈련과 수행이 필요한 것이다. 어른도 시련을 견뎌내는 것이 힘든데, 끈기 있는 아이를 찾기 어려운 것은 어쩌면 당연한 일이다.

아이가 힘들면 큰일이라도 나는 듯, 미리 힘든 일을 걷어내며 아이 인생을 대신 사는 경우가 있다. 어렵고 힘든 일을 견뎌내는 아이의 옆을 부모가 의연하게 지켜야 한다. 부모인 우리에게도 '끈기'가 필요하다.

아이는 시련만큼 자란다

초등학교 5학년 초에 둘째가 왠지 학교에 가기 싫어한다는 느낌이 들었다. 어느 날 같이 자려고 누웠는데 등을 돌리고 눕더니, "엄마, 나 고민 있어요."라고 나지막이 말했다. 학교에서 같이 놀 친구가 없다며, 같은 반 남자아이들이 점심시간에 축구를 하러 가면서 계속 끼워주지 않는다고 했다. 말로만 듣던 왕따였다.

신학기가 시작되고 한 달밖에 안 되었는데 왜 그런 일이 벌어졌는지 잘 모르겠단다. 애교와 웃음 많던 아이에게 깊은 그늘이 생겼다. 한숨을 쉬는 시간이 점점 길어졌고 말수가 급격히 줄었다.

주변 선배 엄마들과 경험 많은 선생님들에게 조언을 구했다. 아이 모르게 담임선생님과 여러 차례 면담을 했지만, 반장 아이와 함께 노력해보겠다는 답변만 반복될 뿐 상황이 개선되지 않았다.

아이는 왕따로 한 학기를 보내면서 키가 자라지 않았고, 극도의 스트레스 때문인지 체중이 급격히 늘어 고도비만이 되었다. 신체적 고민까지 겹쳐 자신감을 완전히 잃었다.

피가 바짝 마르는 느낌이었다. 그런 내가 안쓰러웠는지 자녀가 장성해 대학생이 된 한 학원 원장님이 말했다. "아이는 견디고 있는데, 엄마가 옆에서 그러면 아이가 더 힘들어요."

조언에 퍼뜩 정신이 들었다. 이후 왕따에 관련된 교육청의 학부모 연수 자료, 참고서적들을 샅샅이 찾아 읽었고, 전문가에게 체계적인 조언을 구했다.

미음의 준비를 마치고, 둘째와 다시 대화를 했다. 필요하면 엄마가 개입하는 것이 좋을 것 같다며 의견을 물었지만, 아이는 지금도 힘든데 엄마가 학교에 오면 더 따돌림을 받을 것이고, 결국 전학을 갈 수밖에 없을 거라며 거부했다.

한 학기가 지나자 주동자도 밝혀졌다. 선생님이 함께 왕따를 막아보겠다던 반장 아이였다. 신학기 임원선거에 같이 출마했다가 둘째 때문에 마음이 상했다는 것이 이유였다. 한 학기 내내 으르렁대던 두 아이는 2학기가 되자 무력충돌이 발생하는 수위에 이르렀다.

학교에서 매년 임원을 하며 왕따 친구들을 챙겨온 경험이 많은 첫째가 더 늦기 전에 엄마가 개입해야 할 시점이라고 조언했다. 결국 왕따가 발생하면 가해자 아이를 직접 만나라는 전문가의 지침을 따르기로 결정했다. 다음날 학교를 찾아가 그 아이를 만났다. 우선 사실을 물었고, 아이는 순순히 자신이 그랬음을 인정했다. 나는 그 아이의 손을 잡았다.

"○○가 그동안 너무 괴로웠어. 너라면 어땠을까? 그 기간이 길었기 때문에, 너희 둘이 친하게 지내기는 힘들 거라고 생각해. 하지만 아줌마가 너를 직접 만나고자 한 것은, 이제 서로 몸싸움을 하는 수준에 이르렀기 때문이야. 부탁한다. 남은 몇 달, 부디 괴롭히지 않고 지내주었으면 해. 그리고 집에 가거든 엄마에게 오늘 무슨 일이 있었는지 정확히 말씀드려. 아줌마가 찾아왔고, 아줌마가 너에게 한 이야기를 전달했으면 좋겠다. 설명이 필요하면 아줌마에게 전화하시라고 엄마에게 전해드려. 부모들이 서로 이 사건을 정확히 알아야 한다고 생각해."

그날 오후, 예상대로 아이 엄마의 전화를 받았다. 나는 담담히 모든 상황을 설명했고, 둘째가 그동안 얼마나 힘들게 학교를 다녔으며, 어떤 방법으로 왕따를 당해왔는지, 어떤 신체적, 정신적 상처를 받았는지 설명했다. 처음에는 화를 내던 그 엄마도 긴 대화 끝에 아이가 실수를 했다면 용서하라는 말로 전화를 끊었다.

둘째는 아픈 경험을 통해 훌쩍 자랐다. 왕따로 지내는 일상이 종료되면서 학교생활도 전환점을 맞았다. 그간 왕따를 해온 친구들이 모두 사과를 했고, 점심시간에 둘째가 친구들과 무리지어 신나게 공을 차고 노는 모습을 볼 수 있었다. 정신적으로 몹시 힘들었던 만큼, 주변에 왕따로 고통받는 친구들이 없는지 챙기는 아이가 되면서 리더십도 생겼다. 모범상 표창을 받는 기쁜 일도 생겼다. 다시 밝고 활달해져서 즐겁게 학교를 가는 둘째가 고맙고 대견했다. 몹시 아프고 힘든 시간이었지만, 고된 시련을 견뎌낸 아이는 단단했다. 아이는 시련만큼 성장했다.

아이가 아프고 힘들어도 시련에 버텨내는 힘을 길러주려면, 부모가 몇 배의 끈기를 가지고 버텨야 한다. 부모가 작은 시련조차 미리 걷어내는 환경 속에서 아이가 어떻게 끈기를 배우겠는가.

모험지능은 쉽게 단련되지 않는다. 그만한 노력이 따라야 한다. 아이만의 끈기가 아니라 부모의 견디는 힘, 양측이 모두 전제되어야 하는 어려운 프로젝트이다.

몰입: 열정을 허락하라

아이들과의 다면 인터뷰를 하면 첫 대화를 트기가 쉽지 않다. 우등생들은 앞에 서는 자리가 익숙하고 항상 어른의 질문에 입을 열 준비를 하고 있지만, 그렇지 않은 아이들은 대화의 첫 마디가 중요하다.

몇 년 전, 초등학생과 중학생들을 대상으로 그릿과 끈기, 열정, 몰입에 대해 심층 인터뷰를 진행한 바 있다.

"그릿에 대해 들어본 적이 있나요?"

예상대로 아이들은 그릿을 몰랐다. 아니 관심도 없었다. 초등학생들은 물론 중학생들까지 어른들의 추상적 단어 사용에 대해 비호감을 드러냈다. 아이들은 구체적이고 물질적인 단어를 선호했다. 내가 그릿을 '깡다구'로 표현한 데는 그만한 이유가 있다.

"그릿은 열정적인 끈기라는 말인데, 속되게 말하면 깡다구라고 할수 있죠." 일단 아이들은 깡다구라는 말에 까르르 웃거나 의아한 표정을 지었다. 반은 성공인 셈이다. 그리고 격의 없는 단어를 사용하자마음을 열었다. 예상대로 그릿보다 깡다구가 사춘기 아이들에게 더가까웠다.

"끈기라는 말에 대해 어떻게 생각하나요?"

아이들은 '매우 비호감'이라고 했다. 조사 결과, 끈기는 엄마의 잔소리 속에 빈도 높게 노출되는 부정적 단어였다.

"나는 열정이 있는가?"

열정은 아이들에게 낯선 단어였다. 이 질문에 열에 아홉은 스스로를 열정이 없는 사람이라고 평가했다.

"부모들은 열정이 있는가?"

이 질문에도 아이들은 긍정적인 답변을 하지 않았다. 부모가 열정을 보여주지 못한 셈이다.

"열정을 다른 단어로 바꿔볼까요?"

아이들과 낯선 단어이자 낯선 감정이 된 열정을 다른 단어들과 교체하는 활동을 했다. 아이들이 고른 단어는 '재미, 흥미, 좋아하는 일'이었다. '좋아하는 일을 하면 열정이 생길 것 같다'로 종합할 수 있다.

"나는 왜 열정이 생기지 않는 걸까요?"

아이들은 이구동성으로 "좋아하는 일을 해볼 기회가 없기 때문"이라고 했다. 싫어하는 일, 예컨대 공부와 같은 끈기가 필요한 일만 하고 있다는 답변이 돌아왔다. 피아노 학원에 가기 싫은데 가야 하고,

학습지를 하기 싫은데 풀어야 한다고 했다. 학교에 가고 학원에 가고 매일 일상이 똑같다고 푸념했다.

"내가 좋아하는 일은 무엇인가요?"

이 질문에 대부분 아직 자신은 무엇을 좋아하는지 모르겠다고 대답했다.

"어떤 일을 할 때 재미있나요?"

친구들과 놀 때, 텔레비전을 볼 때, 게임을 할 때라고 답했다. 여중생들은 쇼핑을 할 때라는 답도 주었다.

인터뷰를 진행하면서 아이들의 일상에 재미도 흥미도 빈약한 상황에서 열정에 대해 묻고 있는 내가 부끄러운 심정이 들었다. 대부분의 아이들은 자신이 좋아하는 일을 찾지 못하고 있었다. 찾았다고 해도 부모의 인정을 받는 일은 드물었다. 인터뷰 뒷부분에서 이런 과제를 주었다.

"몰입의 의미와 비슷한 단어를 찾아보세요."

아이들은 '집중'이라는 단어를 주로 선택했다. 나는 아이들이 '몰입'을 '집중'으로 바라본다는 점에 주목했다.

앞서 거론했던 미하이 칙센트미하이는 몰입과 행복의 연관관계도 밝힌 바 있다. "몰입하다보면 행복감을 느낀다." 하지만 우리 아이들은 행복한 몰입에 대해 제대로 이해하거나 경험해본 적이 거의 없는 것으로 나타났다. 사실 아이들이 다면 인터뷰를 할 때 옆에서 동석한 부모들조차 몰입과 행복의 연관관계에 대해 낯설어 했다.

요컨대 우리 아이들은 열정을 경험할 기회가 드물었다. 몰입을 경험해본 아이도 없었다. 아이들이 일상에서 해야 할 과제는 정해져 있었고 그것을 하는 데 열정은 필요하지 않았다. 스스로 선택하거나 결정하지 않았기에 열정이 생기면 부수적으로 나타나는 떨림도 긴장도 없었다. 그릿이라는 모험지능의 소통에 앞서 근본적으로 필요한 것은 몰입을 경험할 기회였다.

그릿을 불러일으키기 위해서는 열정적인 몰입이 결합되어야 했다. 재미, 흥미, 용기 같은 부가적 가치가 필요했다. 하교 후 학원수업이 성행하고 있는 오늘의 현실에서 동아리 활동이나 방과 후 수업을 통해 그릿을 키우는 것은 한계가 있다. 쳇바퀴 같은 아이들의 일상 속에서 열정을 끌어내는 것은 쉽지 않은 과제였다.

진지한 놀이와 유희의 경험

모험생들의 특징을 가장 잘 설명하는 것을 꼽으라 한다면 단연코 '몰입'이다. 모험생들은 일과 놀이를 구별하지 않는다. 그들은 진지하고 무거운 유희를 통해 몰입하고 성장한다. 모범생과 모험생을 가르는 결정적 차이도 일이나 공부를 즐긴다는 점이다. 칙센트미하이는 자신의 저서 『몰입』에서 다음과 같이 설명했다.

몰입은 삶이 고조되는 순간에 물 흐르듯 행동이 자연스럽게 이루어지는 느낌을 표현한 말이다. 그것은 운동선수가 말하는 물아일체의 상태이며, 신비주의자가 말하는 무아경, 화가와 음악가가 말하는 미적 황홀경과 다를 바 없다.

그가 말하는 몰입은 컴퓨터 게임이나 텔레비전 시청 같은 것이 아니라, 자신의 한계를 넘어 다소 벅찬 과제, 도전에 직면하면서 만나는 몰입을 말한다. 그것은 배움의 기회이자 훈련이 되기도 한다. 어린 시절에 몰입을 경험하지 않았다면, 성인이 되어서도 경험하지 못하고 살아갈 가능성이 있다.

우리는 자신이 좋아하는 일을 찾고 이에 목표를 부여하고 몰입함으로써 삶의 질을 끌어올릴 수 있으며, 궁극적으로는 자신의 운명을 바꿀 수 있다. 아이들에게 좋아하는 일을 할 수 있게 하고, 좋아하는 일을 찾을 수 있도록 해야 한다.

모험생으로 자라려면 아이의 가슴을 뜨겁게 하는 키워드 한두 개쯤은 있어야 한다. 밤을 새고 할 수 있는 일이 하나쯤은 있어야 하고, 마음을 울리는 열정의 노래들이 있어야 한다. 하지만 인터뷰 결과, 대부분의 아이들이 열정의 노래를 부르지도 듣지도 못하고 있었다.

아이들을 모험생으로 키우고 싶다면, 부모가 진지한 놀이와 유희를 경험할 기회를 제공했는지부터 돌아봐야 한다. 나는 아이들에게 열정을 강요하지는 않지만, 열정을 불러일으킬 외부 환경과의 접촉을 끊임없이 제공한다.

아이들의 관심과 열정을 촉발할 수 있는 책을 선별하는 것은 기본이고, 책을 통한 간접경험은 내가 가장 중시하는 접촉점이다. 연구에 의하면, 우리 뇌는 직접경험과 간접경험을 구분하지 않는다. 즉 독서나 영화감상 등 수많은 간접경험을 통해서도 아이의 경험을 매우 폭넓게 넓혀줄 수 있다는 말이다.

역사에 관심이 큰 둘째와는 역사가 기반이 된 영화라도 나오면 꼭 함께 관람하고, 영화 속에 나온 역사적 유적지의 방문 일정을 잡고는 한다.

업무로 콘퍼런스에 참석을 하게 되면 어려운 주제라도 아이들을 가능한 동반시킨다. 가끔 회사일에 아이들의 의견을 묻기도 한다. 부모가 어떤 일을 하는지 알게 되는 좋은 경험이기도 하지만, 전략 프로젝트들이 다수인 만큼 아이의 전략적 사고를 육성시키는 좋은 방법이 되기도 한다. 교육 프로젝트였던 만큼 실제로 두 아이가 만든 산출물이 상품화된 적도 있었다.

아이가 자신이 무엇을 좋아하는지 아직 모를 때, 그리고 낯선 한 번의 경험으로 판단하기 어려울 때, 부모는 열정의 기회를 제공해주어야 한다. 그런 기회를 통해서 아이들이 몰입으로 나아가는 것을 여러 번 보았다. 앞으로는 아이의 몰입을 이끌어내는 방법들을 알아보자.

1. 열정의 기회를 허락하라

새해가 되면 항상 아이들과 함께 그랜드마스터 클래스 강연을 들으러 간다. 작년에는 '오래된 미래'라는 주제 아래, 이어령 전 문화부장관, 조국 교수, 최진석 교수, 박경철 선생, 김진명 작가 등 약 20명의 명사 강연을 주말 이틀에 걸쳐 들었다. 철학, 역사, 과학, 심리학 등 전 영역을 망라하는 콘퍼런스인데, 아이들은 지치지 않고 끝까지 몰입하여 듣곤 한다.

강연이 끝나면 아이들과 거의 한 달 정도 대화가 오간다. 제19대 대통령 취임 후 그날의 강사 중 한 명이 민정수석이 되어 뉴스에 나오자, 두 아이가 환호했다. 명쾌하고 신랄했던 그의 강연을 최고의 명강의로 손꼽았던 터라 텔레비전에 나오자 반가웠던 모양이다. 또 다른 강사의 강연 중에서 들은 그리스·로마사 이야기에 흠뻑 빠져 다시 시오노 나나미의 『로마인 이야기』를 펼쳤다. 또 다른 강사의 '소통의 힘'이라는 주제의 강연에 대해서는 깊이 공감했다. 명사들의 탁월한 인풋을 통해 아이 둘이 내놓는 이야기를 듣고 있자면 가끔 색다른 시각도 있어서 재미가 있다.

열정을 경험하려면 모든 가능성을 열어야 한다. 아이들의 수준보다 살짝 높은 과제는 열정을 불러오고 몰입을 경험할 수 있는 방법이다. 부모가 아이의 한계를 짓는 경우가 많지만, 아이들은 부모가 생각하는 그 이상의 존재들이다.

2. 열정 리스트 만들기

지인들은 더러 둘째아이의 일상에서 자전거가 사고의 원천이라며 팔아버리라고 조언한다. 언뜻 보면 맞는 말이다. 둘째가 얽힌 사건의 8할은 자전거로부터 일어난다.

한번은 자전거를 타고 집으로 돌아오다가 교통사고가 났다. 크지 않은 사고였지만, 응급실에서 치료를 받고 한 달 넘게 물리치료를 받았다. 이런 일도 있었다. 동네 친구가 자전거를 분실했는데, 둘째가 분실신고를 하고 자전거 커뮤니티에 소식을 올렸다. 커뮤니티에 분실

된 자전거를 보았다는 이야기를 듣고 외출을 허락해 달라고 했다. 아이가 너무 졸라서 마지못해 허락해주었는데 두 시간이나 연락이 두절되었다. 기다리며 속이 바짝바짝 탔지만, 자전거를 찾았다고 웃으며 들어오는 아들의 환한 얼굴에 주의를 주는 선에서 마무리했다.

자전거 때문에 이런저런 속을 썩음에도 내가 팔아버리자고 나서지 않는 것은 그것이 둘째의 열정 리스트 1번이기 때문이다. 아울러 자전거에 대한 열정을 꾸준히 이어가며 도전 리스트를 추가해가고 있기 때문이다.

초등학생 때 둘째의 도전 리스트는 여의도, 하남 등 유명한 라이딩 코스 전체를 완주하는 것이었다. 중학교에 입학한 후 부모의 허락을 받자마자 주말이면 친구, 선배들과 라이딩 코스를 달린다. 1시간 동안 성인이 달리는 평균 거리의 두 배를 완주한다. 지도만 보고 꿈꾸던 코스를 하나씩 완주하고 체력이 붙기 시작하자, 도전의 범위를 계속 넓혀가고 있다. 일반인 대상의 자전거 경주에 참여할 계획이고, 중학교 2학년이 되면 오랫동안 꿈꿔온 국토종주를, 3학년이 되면 철인3종에 도전할 계획이라고 한다. 고등학생이 되면 자전거로 전국일주와 선수급 경주에도 참여하겠다고 하더니, 졸업 후에는 워킹홀리데이를 간다는 야심찬 계획도 적었다. 럭비공 같이 어디로 튈지 알 수 없는 아이의 열정 리스트는 무한 확장 중이다.

아이에게 열정 리스트를 쓰게 하는 것은 내 경험으로는 꽤 효과적이다. 작은 노트 하나에 자기가 열정을 가지고 하고 싶은 것을 하나씩 추가해가는 것이다. 단순히 글만 쓰는 것이 아니라 관련 자료를 같이

7세 시윤이의 열정 리스트 쓰기 도전(열정 리스트는 매해 1번씩 갱신하며 보관하기를 권한다. 그래야 아이의 꿈이 자라는 것을 볼 수 있다. 150쪽에서 아이의 열정 리스트를 직접 쓰게 해보자).

모아 붙이게 하는 것도 좋다.

우리 아이는 리스트가 주로 자전거에 대한 것이지만, 여러분 아이들은 또 다른 어떤 것일 것이다. 열정 리스트를 만드는 것만으로도 모험생에 한발 더 다가가는 것이다.

3. 함께 놀며 아이의 열정 발견하기

아이들을 직접 가르치는 부모들이 늘고 있다. 최근의 추세를 보면 엄마가 아이 대신 영어나 중국어, 한자 등을 공부해서 가르치는 수준이 아니라, 건축가 아빠는 건축을 가르치고, 펀드매니저 아빠는 경제와 주식을 가르치는 식이다.

나는 아이들을 모험생으로 키우겠다고 결심한 후 직업교육부터 새로 했다. 월급쟁이와 전문직, 자영업자 외에도 투자가와 자본가가 있다는 것부터 가르쳤다. 꼭 조직에 속해 일하는 것이 아니라 1인기업, 프리에이전트로 일할 수 있는 미래가 오고 있으며, 이를 위해 기업가정신이 필요하고 창업에 필요한 역량도 갖춰야 한다고 알려주었다.

아이들에게 창업과 투자 교육을 일찍 시작하기로 마음먹고 리서치를 하면서, 우리나라도 부모가 홈스쿨링을 하고 경제 교육도 하는 가정이 늘고 있음을 알게 되었다. ("금융 교육의 적정 연령이 언제인가요?"라고 묻는 분들이 종종 있다. 아이가 돈의 가치를 알기 시작하는 그때부터 시작하면 된다고 생각한다. 전문직일수록 자녀의 경제 교육에 직접 개입하는 비중이 높았고, 부자일수록 금융 교육을 일찍 시작했다.)

성인을 위한 경제서적과 교육 프로그램은 많았지만, 아이들을 위한 커리큘럼은 전무했다. 맞춤 커리큘럼을 찾기 쉽지 않아 고생했다. 처음에는 모노폴리 같은 보드게임들을 많이 활용했다. 보드게임과 동영상 강좌 등을 통해 기초 경제 개념부터 가르쳤다. 내가 잘 모르는 것은 전문직 지인에게 물었고, 적절한 멘토를 찾을 수 없을 때는 직접 배워서 가르쳤다. 재무제표나 현금흐름표 보는 법도 같이 해본 적이 있다.

열정적으로 반응한 건 둘째였다. 둘째는 모노폴리에 몰입해서 서너 시간 동안 자리를 떼지 못했다. 게임을 하면서 배운 말들이 경제신문에 나오는 것에 흥미진진해했다. 자발적으로 워런 버핏과 같은 투자가들의 전기도 읽기 시작했다. 시킨 일도 아니었고 상의한 일도 아니었는데, 열정이 아이의 길을 열어주고 있다는 느낌이 들었다.

부모의 경험을 아이와 함께 나누고, 아이가 흥미 있어 할 활동을 함께 해보는 것은 모험생을 기르는 좋은 방법이다. 특히 경제 교육을 꼭 권하고 싶다. 앞으로는 조직에 속해 일하는 것이 아니라 1인기업, 프리에이전트로 일하는 이들이 크게 늘어날 것이다. 그때를 위한 좋은 경험이 될 것이다.

4. 부모의 선입관으로 잠재력을 가두지 마라

아이들의 한계를 정하는 것은 항상 어른들이다. 특히 부모일 경우가 많다. 부모가 안 된다고 생각하면 아이들은 아예 시도조차 하지 않는다. 순종적으로 키우고 자란 아이들일수록 더욱 그렇다.

부모가 상상하고 한계를 넘고 아이의 가능성을 증폭시켜주어야 한다. 부모의 의식과 말은 아이 성장에서 가장 중요한 인프라가 된다. 오늘 부모가 하고 있는 말을 보면, 내일 아이를 사장으로 키우고 있는지, 사원으로 키우고 있는지 알 수 있다.

어릴 때 나는 초기 배움이 유독 더뎠다. 하지만 "넌 처음에는 느리지만, 마지막에는 1등하잖니?"라는 부모님의 말 덕분에 무엇이든 처음 배울 때 느리더라도 부담감을 가지지 않고, 차근차근 내 페이스대로 나아갈 수 있었다. 덕분에 기초를 단단히 쌓을 수 있었고, 후에 치고 올라가는 경우가 많았다. 부모님의 말씀이 내 단점을 장점으로 바꾸어준 셈이다.

여자라고 못할 게 없다는 말을 듣고 자랐고, 강인한 엄마의 삶을 통해 그리 배웠다. 위로 갈수록 남자들이 조직을 장악하는 우리 사회에서 유리천장을 깰 수 있었던 데에는 어릴 때 들었던 부모님의 말이 크게 영향을 미쳤다.

부모가 말한 대로 아이는 자라며, 부모가 믿는 대로 아이는 성인이 된다. 아이가 할 수 없을 거라는 선입견으로 잠재력을 가두지 말자. 아이들에게 열정을 허락하고 몰입을 경험할 기회를 주고, 그들의 잠재력을 믿자. 모험지능을 키울 수 있는 가장 빠른 지름길이다.

1. 학교 가기 전 친구랑 조조영화보기
2. 지하철로 친구들이랑 에버랜드 가기
3. 여름에 남이섬에서 번지점프하기
4. 남산에서 왕돈까스 먹기
5. 수능 끝나고 친구들이랑 기차 타고 부산 가서 겨울바다 보기
6. 꽃이 핀 봄날 경복궁에서 친구들이랑 한복 입고 사진찍기
7. 마포대교 생명의 다리 문구에 맞게 사진찍기
8. 외국 친구를 사겨서 그 친구 집에서 홈스테이 해보기
9. 대학생이 되기 전 대법원 견학가기
10. 20살 되면 혼자 유럽여행 가기(스위스 꼭 다시 가기)
11. 스무살에 바로 면허 따기
12. 메이크업 아티스트한테 화장 받아보기
13. 서울 전체가 한눈에 보일 정도로 날씨가 좋은 날 롯데월드타워 시그니엘 호텔
    100층에서 하루 있어보기
14. 유니버셜 스튜디오 할리우드에 가서 해리포터 버터맥주 마시기
15. 독일 아우토반에서 스포츠카 타고 시속 150km보다 빨리 운전하기
16. 가을에 캐나다에 가서 떨어지는 낙엽 잡기(드라마 도깨비)
17. 새해가 밝아오는 날 영국에 가 세상에서 제일 먼저 년도가 바뀌는 것 경험해보기
18. 그리스에 흰색과 파란색 옷(청바지+흰 티, 흰 치마+파란 블라우스) 입고
    산토리니 섬에서 사진 찍기
19. 터키 카파도키아 열기구 타기
20. 러시아 겨울철 얼음물에서 수영하기
21. 발리에서 루왁커피 마시기
22. 세상에서 제일 화려하다는 라오스 스타벅스 가보기
23. 아프리카로 난민해외봉사 가기
24. 다문화가정 아이들 사회과목 가르치기
25. 롯데월드타워 시그니엘 레지던트에 초대 받아서 구경하기(통 유리창 너머
    한강이 보이는 한남동에서 살고 싶다)
26. 서른 살쯤 포르쉐 911 사기
27. 내 집이 생기면 집에서 너구리 키우기(너구리랑 국내외 여행 다니기)
28. 집에 빔 프로젝터 놓고 영화관 만들기
29. 어른 되면 내 모교 방문하기
30. 방송국 뉴스 인터뷰해서 뉴스(티비)에 나오기

[샘플] 아들의 열정 리스트

1. 혼자 해외 여행 가기
2. 자전거로 전국일주 하기
3. 철인3종경기 해보기
4. 버뮤다 삼각지대에 무인기 보내기
5. 자전거 관련 어플 만들기
6. 나만의 트랙차(자전거) 만들기
7. 내가 번 돈으로 집 사기
8. 투표하기
9. 회사 창립하기
10. 피어싱 해보기
11. 타투 해보기
12. 하루 종일 게임해보기
13. 매달 어려운 아이들을 위해 기부하기
14. 180cm 넘게 키 크기
15. 몸 만들기
16. 패러글라이딩 해보기
17. 연봉 1억 이상 되기
18. 일본 스키장 가보기
19. TV 출연해보기(좋은쪽으로)
20. 액세서리 수집하기(신발, 반지 등)
21. 100억 이상 모아보기(평생)
22. 걱정 없이 살기
23. 주민등록증 발급 받기
24. 외박하기
25. 사막에 3박 4일 동안 있어 보기
26. 백화점 등의 큰건물 통째로 빌려보기
27. 좋은 대학 가기
28. 좋은 사람 만나기
29. 좋은 친구들 사귀기
30. 여러 수상스포츠 해보기(제트스키, 카약 등)

아이의 열정 리스트

* 앞의 샘플을 읽어본 후, 아이에게 열정 리스트를 만들어보게 하자.

01
____

02
____

03
____

04
____

05
____

06
____

07
____

08
____

09
____

10
____

재능: 재능은 훈련된다

19세기 영국의 유전학자인 프랜시스 골턴은 1869년 분야별로 업적을 이룩한 대가들의 리스트를 정리한 다음에 그들의 삶에 관한 자료를 모았다. 그리고 이들에게는 3가지 특성이 있음을 발견했는데, 바로 비범한 재능과 뜨거운 열정, 그리고 노력이었다. 또한 같은 시대의 심리학자 겸 철학자였던 윌리엄 제임스는 특출난 사람만이 자신의 재능을 활용하여 성공한다고 주장했다. 그렇다면 재능을 가지고 있으나 성공하지 못하는 이들은 왜 그럴까?

최근의 많은 연구들은 인간의 재능은 훈련된다고 주장한다. 미엘린의 발견은 이런 주장을 확고하게 뒷받침해주고 있다. 미엘린은 뇌의 신경절연물질로서 시냅스와 더불어 대표적인 '공부근육'으로 불린다. 인간이 학습을 하면 신경섬유 회로를 통해 전기신호가 이동하는데, 전기신호가 발생하면 미엘린이 신경회로 주위에 절연층을 만든다. 연습을 많이 하면 할수록 미엘린층이 두터워지고, 우리의 생각과 동작도 숙련되어 빨라진다. 뇌과학적 관점에서 보면 재능은 미엘린이 만드는 진화 메커니즘의 결과이다. 즉 미엘린은 누구나 만들 수 있고 평생 만들 수 있다는 것이다. 이는 재능에 대한 유전적 사고에 대해 혁명적 전환을 가져왔다.

대니얼 코일의 『탤런트 코드』에 따르면, 인간의 재능은 선택된 훈련의 결과이다. 그는 재능을 지배하는 3가지 법칙을 통해 선천적인 재능을 발견하고 보완하는 방법을 소개했는데 요약하면 다음과 같다.

첫째, 노력이다. 의식적인 연습과 치열한 훈련이 따라야 한다.

둘째, 임계치에 해당하는 시간 투자가 뒷받침되어야 한다. 고전적인 성공 방정식에 따르면, 굳이 '1만 시간의 법칙'을 상정하지 않더라도 재능은 결코 단기에 이루어지지 않는다.

셋째, 재능으로 성공한 경험을 가진 멘토를 만나야 한다. 탁월한 코치를 통해 마스터 코칭을 받아야 한 단계 넘는 성장을 할 수 있다. 종합하면, 재능은 훈련이 가능하다는 주장이다.

천재 레시피에 추가로 필요한 양념거리

천재로 키우는 비법에 대해 인류의 연구는 수백 년 동안 이어져왔다. 누적된 연구 결과들을 압축하니 천재로 키우는 비법들 또한 정리할 수 있었다. 대니얼 코일이 말했듯, 천재 레시피는 3가지 필수적인 재료가 필요하다. 시간과 노력, 그리고 멘토이다.

과거의 재능 우위 세계관에 의하면, 재능은 타고난 것이므로 천재 레시피는 존재하지 않았다. 유전적 소질이 우수해야 했다. 하지만 이제 재능이 훈련되는 미엘린의 신세계로 들어오면, 천재 레시피는 매우 간단하다. 3가지 재료 외에 필요한 양념 중 하나가 '운'이다. 빌 게이츠나 워런 버핏, 마윈 등이 인터뷰에서 "저는 운이 좋았습니다."라고 한 답변은 역사적으로도 증명되는 사실이다.

데이비드 뱅크스 교수는 『천재 과잉의 문제』라는 논문에서 재미있는 연구 결과를 발표했다. 그의 연구에 따르면 천재들은 특수한 시기에 특수한 장소에서 대량으로 태어났다. 기원전 440~380년의 아테네, 1440~1490년의 피렌체, 1570~1640년의 런던은 천재들의 유적지이다. 특히 피렌체는 천재들이 떼로 몰려다닌 르네상스의 도시이다. 레오나르도 다빈치, 안드레아 델 베로키오, 도나텔로 같은 천재들이 이 시기에 세 도시에서 등장했다.

데이비드 뱅크스에 따르면 이러한 천재 대량양산은 시대적 배경이 크게 작동했다. 당시 피렌체는 길드(guild)가 있었고, 이를 통해 천재들을 육성할 수 있는 경제적, 사회적인 멘토링 시스템이 존재했다. 길드는 경제적, 사회적으로 영향력이 큰 장인공제조합으로 도제 시스템을 통해 인력을 육성하여 영향력을 유지했다. 피렌체의 천재들은 동시대에 태어나 스승과 제자로 만났다. 길드의 후원에 힘입은 도제 시스템에 따라 레오나드로 다빈치는 베로키오에게 배웠고, 베로키오는 도나텔로에게 배웠다.

그의 연구에 따르면, 천재의 DNA는 유전이 아니라 후천적인 학습으로 이루어진다고 하더라도, 피렌체의 천재가 되려면 그 시대에 태어나는 운이 있어야 했다. 또한 천재의 떼거리에 낄 수 있는 인맥도 있어야 했다. 운과 인맥은 예나 지금이나 천재 비법의 필수적 양념거리다.

재능은 어떻게 훈련되는가

재능 연구에서 내가 가장 인상적으로 본 책은 『탤런트 코드』와 『그릿』이다. 두 책의 결론은 같았다. 인간은 재능을 훈련할 수 있다는 것이다. 우리는 시냅스와 미엘린이라는 훌륭한 진화 메커니즘을 가진 인간이기 때문이다.

그렇다면 재능은 어떻게 훈련될 수 있을까? 연구에 의하면 천재 음악가들이 선천적 절대음감을 가졌다는 주장과 달리, 모차르트도 베토벤도 노력으로 훈련되었다. 일본에는 절대음감학교가 있는데 재능이 없어도 일정 기간의 훈련을 받으면 거의 대부분 절대음감을 가질 수 있다고 한다.

대니얼 코일은 『탤런트 코드』에서 현대의 천재들이 대거 탄생하는 과정을 통해 재능이 훈련될 수 있음을 밝혔다. 세계적인 축구스타를 양산하고 있는 브라질, 기계체조 요정들을 찍어내는 러시아 등 주요 국가를 방문하여 재능이 훈련되는 메커니즘을 규명했다.

브라질에는 '풋살'을 기반으로 발전한 고유의 축구경기가 있다. 브라질 아이들은 잔디 없는 땅바닥에서 축구를 하는데 그 모습이 축구보다는 오히려 댄스에 가까웠고 묘기에 가까운 축구 기술을 구사했다. 이를 훈련 메커니즘으로 만든 것이 브라질식 축구학교이다. 브라질 청소년들은 어려서부터 풋살식 축구 훈련을 통해 집중적인 연습을 했고, 저소득층 아이들은 펠레 같은 축구천재가 되고자 열정적으로 훈련에 몰입했다.

대니얼 코일이 요즘 연구를 진행했다면, 자메이카에서 육상선수들이 훈련하는 메커니즘도 소개했을 것이다. 자메이카에서는 우사인 볼트 등 단거리 육상스타들이 대거 양산되고 있는데, 달리기 재능을 만드는 자메이카 고유의 훈련 방식이 세팅되어 있을 것이다.

따라서 아이들의 재능을 훈련하려면 우선 아이를 매혹시킬 주제를 찾는 데 전력을 기울여야 하고, 그에 맞는 훈련 메커니즘을 찾아야 한다.

이상한 나라의 앨리스 키우기

우리나라에서 모험생을 키우는 것은 쉬운 일이 아니다. 창의인재는 '이상한 나라의 앨리스'일 수밖에 없는 것이 우리의 현실이다. 고독할 수밖에 없고 의도치 않은 비난을 감수해야 할 수도 있다.

베스트셀러 『책은 도끼다』의 저자이자 뛰어난 크리에이터인 박웅현은 회사에 입사하고도 수년간 왕따 아닌 왕따로 일해야 했다. 스티브 잡스의 인생 또한 평생 타인과 타협 없는 자기 기준과의 싸움이었다.

아이를 모험생으로 키우고 싶은가? 창의인재로 만들고 싶은가? 공부머리는 만들 수 있고 재능은 노력하면 훈련된다. 그런데 아이를 모험생이자 뛰어난 창의인재로 키우고 싶다면, 부모는 그 아이가 어쩌면 긴 시간 외로운 길을 걸을 수 있음을 알아야 한다. 이상한 나라에서 앨리스가 꼿꼿이 자기 길을 걸어갈 수 있도록 부모가 멘토가 되어주어야 한다. 아이의 내면부터 단단히 다져야 하는 이유, 자존감이 우선인 이유가 그것이다.

아이의 비범함을 지켜라

첫째인 딸아이는 7세 유치원생일 때, 일기는 자기 프라이버시라며 엄마가 보는 것은 기분 나쁘다고 항의했다. 그래서 유치원 원장님과 상의하여 부모 사인을 하지 않기로 하고 일기를 보지 않았다.

그런데 초등학교 4학년 초에 담임선생님에게 연락이 와서 갔더니 딸아이의 일기장을 보여주었다. "대한민국 어린이들도 자신의 프라이버시를 침해당하지 않을 권리가 있으며, 이는 유엔의 어린이보호헌장에도 적혀 있다."라며, 학교에서 일기장 검사를 받고 싶지 않다고 씌어 있었다. 일기 검사는 의무조항이자 평가사항이라 너만 예외로 처리할 수 없다는 선생님의 입장을 전했지만, 딸의 입장은 단호했다. 결국 담임선생님께 양해를 구했고, 평가는 공정해야 하므로 과제 수행평가 점수는 최하 점수를 받기로 했다. 그해 말, 아이는 과제수행란에 '하(下)'를 받았다.

5학년이 되자 딸아이의 일기 투쟁은 한층 더 단호해졌다. 다행이었던 점은 담임선생님이 아이의 주장을 긍정적으로 수용해주었다는 점이다. 반 전체가 모두 일기를 안 내기로 한 것이다. 그런데 그 소문이 퍼져서 다른 반 아이들도 일기를 안 내겠다고 나섰다. 사실 일기쓰기는 교육적 관점과 아이의 성장 관점에서도 중요한 과업이고, 나도 학습상담 과정에서 강조하는 항목이다. 덕분에 딸아이 하나 때문에 다수가 피해를 본다는 원망도 들어야 했다. 결국 아이의 학급만 일기를 제출하지 않기로 하고 사건이 종료되었다. 학교로서도 부담이 큰 결정이었음에 틀림없다. 아이는 졸업 전까지 일기를 제출하지 않았다.

첫째를 키우며 오해를 받은 적이 제법 있다. 버르장머리 없는 아이, 어른을 이겨먹으려는 아이, 도도하고 싸가지없다는 오해도 받았다. 초등학생 때는 일기 검사를 거부했고, 중학생 시절에는 학생회에서 계속 일하며 학교 혁신을 주도했는데 아이가 발의한 건들이 종종 이슈가 되었다. 일부 친구들과 부모들에게 손해를 끼친 점이 분명히 있을 것이라고 생각했기에 반박하기도 힘들었다. 언젠가는 아이가 정당히 이해받을 날이 올 거라고 기다릴 수밖에 없었다.

초등학교 5학년 말에는 친구들 간에 일어난 작은 오해가 큰 사건으로 확대되면서 크게 상처를 받기도 했다. 싸우는 친구 사이에서 어느 한편을 들어주다가 상대 친구의 오해로 큰 사건으로 커진 경우였다. 아이는 자신감을 잃을 정도로 크게 위축되었고, 급기야 6학년 대임원선거 출마를 포기하겠다고 했다. 하지만 선거 당일 예상을 뒤엎고 회장으로 당선되었다. 출마를 포기하자 친구들이 합심하여 아이를 설득했고 압도적 득표로 당선된 것이다. 부정적 소문과 근거 없는 뒷말에서 딸아이를 구해준 건 바로 친구들이었다.

'낭중지추(囊中之錐)'라고 하였다. 어떤 아이든 나름의 비범함이 있으며, 하늘이 준 성향을 잘 보듬어 다치지 않게 지켜주면 아이는 비범하게 자란다. 아이의 타고난 비범함을 발견하며 알아주고 지키는 것이 부모의 소명이 아닐까 생각한다.

아이의 비범함 리스트

* 아이의 특별한 점을 찾아보자. 평범해 보이는 아이라도 특별한 점이 반드시 있다. 그 특별한 점
  을 생각하여 아래에 써보자. 그리고 그것을 비범함으로 키워줄 수 있는 방법을 생각해보자.

01

02

03

04

05

06

07

08

09

10

노력: 1만 시간의 재발견

경제지 『포천』의 편집장 제프 콜빈은 『재능은 어떻게 단련되는가?』에서 모차르트는 17년, 타이거 우즈는 18년, 빌 게이츠는 17년, 워런 버핏 역시 약 20년의 시간이 걸려서야 대가의 반열에 올랐다고 한다. 국내 상황을 봐도 별반 다르지 않다. 피겨의 여왕 김연아는 약 12년, 천재 피아니스트 조성진은 약 11년이 걸렸다고 한다. 제프 콜빈에 따르면 대가들은 하루 평균 12시간에서 14시간 이상 훈련했다. 밥 먹고 자는 시간을 빼면 오로지 재능 훈련에만 매달린 셈이다.

그렇다면 시간의 총량을 채우면 우리 모두 한 분야에서 업적을 이룰 수 있을까? 왜 한 분야에서 10년을 넘기고도 그저 그런 결과만 내고 있는 것일까?

결국 시간의 총량이 같아도 노력의 질적 차이가 문제인 것이다. 그저 성실하고 근면한 노력이 아니라 질적인 노력이 필요하다.

미국 플로리다주립대학 교수인 안데르스 에릭슨은 선천적 재능이라 믿었던 것들의 실체에는 10년 이상의 장기간 자신의 모든 것을 소진하는 노력이 있었음을 지적한다. 한 분야에서 성공한 아웃라이어가 되기 위한 1만 시간은 고도의 집중과 몰입의 시간이던 것이다.

신중하게 계획된 연습이 필요

『1만 시간의 재발견』의 저자 안데르스 에릭슨과 로버트 풀은 재능을 이기는 질적인 노력을 '의식적인 연습'이라고 불렀다. 제프 콜빈은 이를 '신중하게 계획된 연습'이라고 했다. 이들은 공통적으로 재능을 이기는 훈련은 전문화된 연습 형태이며 주도면밀한 훈련이어야 한다고 강조한다. 의식적 훈련을 통해 스스로 정의한 가짜 한계를 돌파해야 한다는 것이다.

학자들이 일컫는 '스위트 스팟(sweet spot)' 혹은 '컴포트 존(comfort zone)'은 우리 몸이 가장 편안함을 느끼는 상태를 가리키는데, 익숙하거나 스스로 만족하여 더 나아가지 않는 구간을 의미한다. 안데르스 에릭슨 박사는 『1만 시간의 재발견』에서 거장이 되기 위해서는 개인의 컴포트 존을 벗어나려 애써야 하며, 현재 능력의 수위를 벗어나는 일을 지속적으로 시도해야 한다고 주장한다. 어떤 일이든 오랜 시간 매달리되 컴포트 존에서 벗어나려고 스스로를 극한까지 밀어붙여야만 거장이 될 수 있다는 말이다. 평생 심심풀이 취미로 바둑을 두는 이와 인생을 걸고 바둑을 둔 이세돌 프로기사와의 차이는 바로 이 부분이다. 스포츠는 컴포트 존을 파괴하기 위한 기록의 싸움이다. 가짜 한계를 부수는 내적 혁신 없이 질적 도약은 발생하지 않는다. 윗단계로의 도약 없이 극적인 성과를 기대하기 어렵다.

첫 직장이었던 외국계 기업에서는 스티브 잡스에 버금가는 프리젠터였던 대표이사가 있었다. 그녀는 푸니라는 이름의 아담한 인도 여자였다. 아시아 태평양 지사장이자 당시 회사에서는 최고의 프리젠터였다.

푸니의 프리젠테이션은 압도적이었고 설득력이 컸다. 그녀가 강단에 서면 수십억 달러의 컨설팅 계약도 단박에 체결되기도 했다. 신입 시절에 완벽한 노력이 무엇인지 지척에서 보고 배울 수 있는 것은 행운이었다. 그녀만큼은 아니지만 대내외로 좋은 발표자라는 평가를 받을 수 있었던 것은 푸니라는 롤모델을 안고 있었던 덕분일 것이다.

그녀는 내성적이고 수줍음이 많은 사람이었는데, 무대에만 올라가면 어찌 그리 발표를 잘하냐고 사석에서 물었던 적이 있다. 그녀는 내 영어 이름을 다정히 부르며 말했다. "Olivia, it's just practice(올리비아, 연습이죠)." 그녀의 연습은 조용하지만 치밀하고 치열했다. 누가 보아도 완벽을 넘어선 수준인데, 그녀는 스스로 소진될 때까지 리허설을 했다. 주도면밀하고 목표가 분명한 연습이었다.

노력이란 이런 것이다. 그들은 한계를 규정하지 않으며, 컴포트 존을 순식간에 파괴하는 노력의 승부사들이다. 진정으로 최선을 다해 본인의 모든 것을 던져 노력한다. 그들의 노력은 역사를 만들고, 사람을 바꾼다. 완벽한 노력이란 그렇게 사력을 다해 하는 것이다. 자신을 파괴하고 스스로를 재창조하는 완벽한 수준에 닿았을 때, 노력은 비로소 선천적 재능을 이길 수 있다.

천재는 이런 의식적인 노력을 통해 태어난다. 천재성은 문득 발휘되는 것이 아니라 노력의 양과 질이 동반될 때, 몰입에 이르는 노력의 품질이 전제될 때, 모험생도 만들어진다.

'척'하는 아이는 제대로 꾸중하라

안데르스 에릭슨은 의식적인 연습에 대해 다음과 같이 주의사항을 준다. "시늉하지 말고 몰입하라." 하는 척 시늉만 하면서 연습시간을 낭비하지 말고 몰두하라는 말이다.

운동을 하면서 기계적으로 따라하는 상태는 일탈에 불과하다. 집중하고 몰입해야 질적 시간이 된다. 짧은 시간 동안 집중적으로 몰두하여 빠르게 익히는 것을 최선의 노력이라고 정의한다. 더 이상 효과적으로 집중하기 어렵다면, 연습을 끝내고 충분한 수면과 휴식을 취하라고 조언한다.

『공부하는 척하지 마라』의 저자 송인섭은 자기주도학습의 대가이지만, 사교육도 도움이 될 수 있다고 말한다. 다만 진짜 공부가 되려면 학원 주도가 아니라 아이 주도가 되어야 한다고 강조한다. 나는 이책을 교육 종사자이자 두 아이를 키우는 엄마 입장으로서 공감하며 읽었고, 체계적으로 아이의 기질에 맞추어 응대하는 법을 발전시킬수 있었다. 아이마다 맞춤 학습법이 있어야 한다는 점은 매우 절감하는 대목이다.

목표의식이 있어야 집중하고 몰입하는 과정이 일어나는데, 시작점을 찾기가 쉽지 않다. 그 시작점은 작은 사건일 수도 있고, 큰 전환점일 수도 있다. 성인은 위기의식의 발로에서 시작하거나 자존심에 큰 상처를 받았을 때 주로 시작된다. 아이의 경우 매일 공부만 하는 일상 속에서 시작점을 스스로 찾기 쉽지 않다. 따라서 촉발점을 만들어내는 것이 중요하다. 아이들이 공부하는 척할 때, 무작정 화를 내고 혼낼 일이 아니다. 아이들의 의식적인 연습을 할 수 있도록 도와야 한다.

나는 엄마들이 칭찬 공부하듯 꾸중 공부도 해야 한다고 강조한다. 꾸중을 할 때야말로 짧고 명확해야 한다. 공부하는 척하는 아이를 촌철살인 한마디로 스스로 깨달을 수 있게 도와주어야 한다. 이때 공부하는 척함을 꾸짖어야지, 아이를 꾸짖어서는 안 된다. 또한 아들과 딸, 첫째와 둘째에 따라 다른 말을 고민해야 할 것이다. 그 한마디가 유머러스하다면, 더할 나위 없이 좋다.

둘째가 해야 할 숙제는 하지 않고, 핸드폰 SNS를 보며 1시간째 키득거리는 중이다. 곧 잠자리에 들어야 할 시간이고, 아이는 마음만 먹으면 30분이면 할 숙제임을 알지만, 그래서 또 하기 싫은 게다.

거실에서 내 책을 펼치며 모르는 척 지나가는 말투로, 농담처럼 웃으며 한마디 던졌다.

"엄마 같음 후딱 하고 침대에 등 붙인다."

아이가 키득키득 웃는다. 아이가 딴 짓을 하고 있음을 알지만 혼내지 않았고, 당장 끝내고 빨리 자라고 잔소리하지 않았다.

아이(You)에게 '숙제하라'고 직접 지시하지 않았고 '나(I)라면'이라는 화법으로 대신했다. 채근대신 '침대에 등 붙인다'로 돌려서 이야기했다. 더 말하지 않고 책을 읽고 있자니 아이는 조금 있다 부스럭거리며 숙제를 시작했다.

만약 "빨리 숙제 안 하니?"라고 했다면 아이는 짜증으로 응대했을 것이고, 어차피 해야 할 숙제를 기분 좋게 시작하지 못했을 것이다. 엄마도 책을 펴고 앉아 있으니, 자신도 변명할 거리를 만들기 어렵다. 부정적인 에너지의 교환은 생산성을 떨어뜨린다. 유머러스한 말 한마디가 더 효과 있다. 그렇지 않으면 꽝 닫히는 아이 방의 문소리를 면전에서 듣게 될 것이고, 어디서 문을 세게 닫느냐고 소리 지르는 전형적인 꾸중 상황에 직면하게 될 것이다.

아침에 아이를 깨우면서 숙제한 것을 들여다보니, 예상대로 성의가 없다. 졸면서 했는지 글씨가 엉망이다. 생각 같아서는 다 지우고 다시 쓰라고 잔소리 하고 싶은데, 아이는 숙제했으니 된 거 아니냐는 답이다. 단호하게 한마디를 던진다.

"숙제는 네 얼굴이야. 씻지 않은 얼굴로 학교 가는 아들을 엄마는 본 적이 없다."

엄마의 말투는 나지막하지만 말투에서 아이는 느낀다.

"다음에는 성의 있게 할게요."

1절만 하고 나는 두말하지 않는다. 말이 겹치면 길어지고 아이의 짜증만 늘 뿐이다. 며칠 지나지 않아 아이는 약속대로 다음 숙제는 성의 있게 해서 선생님께 칭찬을 들었다며 생긋 웃어 보인다.

‘꾸중하는 법을 연구한다’고 하면 학부모들이 많이들 웃는다. 웬만하면 잔소리 없는 엄마인 내가 "잠깐 앉아봐. 할 이야기가 있어."라고 하면 아이 둘 다 긴장한다. 정말 화가 나면 목소리가 낮아지는 내 성향을 알기 때문이다.

꾸중한 후에 속이 더 상하는 건 엄마다. 혼난 아이는 마음은 다쳤지만 치를 것을 치렀으니 해방이다. 아이를 정말 꾸중하고 싶으면 엄마야말로 감정을 제대로 조절해야 한다. 화를 냈다면 사과를 꼭 하자. "엄마가 미안하다." 아이들은 사과하는 부모를 기억한다. 그 울림은 꾸짖음보다 훨씬 오래 간다.

제대로 혼자 하는 훈련이 필요

노력에도 전략이 필요하며, 특히 가장 경계해야 할 것이 무조건 열심히 하는 것이다. ‘신중하게 계획된 연습’을 해야 한다. 특히 혼자 하는 연습은 ‘의식적인 연습’의 절대적 전략이다.

앤절라 더크워스는 혼자 의식적으로 연습을 할 때 몰입이 동반된다고 한다. 다니엘 핑크에 의하면, 숙련의 길에 들어서면 몰입이 찾아온다. 아마추어들은 집중해야 하는 순간에 공상이나 딴 생각을 하면서 최고의 지점에서 오는 고통이나 긴장을 잊으려고 하지만, 프로들은 연습에서 최대의 효과를 보기 위해 신체의 반응 하나하나에 집중하고 주의를 기울인다. 바로 몰입이 있는가, 없는가가 프로와 아마추어를 가르는 지점이다.

집요한 훈련 중 찾아오는 찰나의 깨달음이 있다. 테니스나 골프를 배울 때 혼자 하는 훈련을 통해 완벽해지는 순간이 있다. 그 순간 몸은 완벽한 자세를 기억하게 된다. 헬스나 역도를 하면서 자신의 최대치 이상을 들어 올리려면 역기를 들기 전부터 전적으로 집중해야 한다. 발레리나들도 완벽한 안무를 위해 침대에서 잠이 들기 전까지도 심상 훈련을 한다.

혼자 하는 연습에는 외적 파괴의 노력과 함께 진정한 내적 혁신이 동반되어야 한다. 성찰의 시간, 깨달음의 순간이 와야 한다. 아이러니하게도 우리는 잠깐 멈추어야 한다. 혼자 연습하며 멈추어 생각하는 시간이 있어야 한다. 학교에서, 학원에서 돌아오면, 아이들이 혼자 책상에 앉아 스스로 공부하는 시간이 필수적이다. 도약을 위해 필요한 핵심적인 시간이다.

대치동의 영재 로드맵을 잘 따라 올라가 과학고, 영재학교에 올라간 아이들이 모두 성공하는 것은 아니다. 죽을 듯이 힘든 과정을 거치며 '혼자 하는 공부'가 없었던 아이들은 부모와 떨어지는 순간 갈피를 잃는다. 중학교 때 이미 대학 선수 과정과 전공과목을 이수하고 입시 자체만을 바라볼 것이 아니라 입학 이후를 봐야 한다.

대학은 삶의 선택적 과정이다. 특목고는 그 과정의 수단이다. 혼자 하는 훈련이 먼저이다. 외롭지만 혼자 하는 훈련에서 일어나는 묵직한 성취의 기술을 체득한 아이는 어디서든 홀로 생존할 수 있다.

다독보다 방향성 있는 독서가 중요

아이에게 가장 현명한 노력은 독서이다. 잠재력을 끌어낼 수 있는 책을 읽다 보면, 책이 아이를 찾아오는 놀라운 경험도 하게 된다.

판사가 되고 싶은 첫째는 현직 판사와 법무법인에서 변호사로 활동하고 있는 사촌들과 진로 상담을 했다. 직접 법원에서 판사들도 만나고 실제 재판을 참관하면서 구체적으로 진로 방향성을 찾아가고 있다. 현재는 사법부와 입법부를 함께 고민하고 있다. 아이의 진로를 결정적으로 가늠한 책은 마이클 샌델의『정의란 무엇인가』였다. 아이는 사회의 정의와 공정성에 대해서 깊은 고민을 하는듯했다. 인터넷으로 저자의 강의를 찾아 듣는 것을 보면서 책 한 권이 아이의 생각을 얼마나 흔들고 있는지 알았다.

사법고시도 사라지고 로스쿨을 통한 법조인 육성이라는 로드맵 앞에서 아이는 대학 전공에 대해 진지하게 고민을 시작했다. 아이는 경제학을 공부하기 시작했고 부의 불평등에 대해서 매우 비판적인 시선을 키우고 있다. 다음으로 내가 추천한 책은 장 지글러의『왜 세계의 절반은 굶주리는가』였다. 다른 책들과는 달리 힘겹게 책을 읽었다. 자본주의와 사회주의, 공산주의 사상의 대립 속에서 혼란스러워 했다. 아이의 고민이 가중될 때 도움이 된 책은 파울로 코엘료의『연금술사』였다. 딸이 손꼽는 책은 헤르만 헤세의『데미안』과 프란츠 카프카의『변신』이다.

진로를 단계적으로 고민하면서 학교와 나의 도움을 받아 아이는 30대와 40대의 인생 계획을 먼저 세웠다. 나는 대학 입학이 목적이 아닌 독립된 성인으로서의 인생을 목표로 바라보면서 책을 읽도록 독서지도를 한다. 아이는 유럽의 여성 정치인들에게 관심이 많아 최근에는 독일 총리 앙겔라 메르켈의 자서전을 여러 권 읽었고, 그녀의 리더십과 정치 스타일에 대해 한참 연구 중이다. 책상에는 '이데올로기'라는 단어를 이해하기 위해 대여한 정치사상서들도 쌓여 있다. 아이의 책읽기는 진로라는 나침반에 맞추어 한 방향으로 정렬되고 있다.

둘째가 가장 좋아하는 분야는 한국사이다. 특히 한국 근현대사에 관심이 많아서 우리나라의 대통령 역사를 꿰차고 있다. 아이와 촛불집회에 가던 날, 동시대인으로 오늘의 역사를 사는 모습을 가만히 지켜보았다. 아이는 영화 〈변호인〉, 〈택시〉에 심취했고, 〈노무현입니다〉는 노트북에 저장해두고 보고 있다.

초등학교 반장 선거에서는 오바마의 인생 역정과 리더십을 주제로 한 연설을 했다. 전날 아이가 미리 읽은 연설문을 들으며 당선되기는 어렵겠다는 생각을 했다. 아이들의 학교생활과 너무 동떨어진 이야기였다. 아니나 다를까 선거에서 떨어졌고, 반 친구들 누구도 자기 생각을 이해해주지 않는 것 같다며 서운해했다. 나는 노력했으니 결과는 승복하는 것이라며 아들을 안아주었다.

독서는 무엇보다도 방향성이 중요하다. 방향성 없는 다독보다는 한 방향으로 정렬된 정독이 낫다. 읽고 덮어버리면 끝나는 독서가 아니라 생각과 일상에 작더라도 변화가 있는 책 읽기를 권한다.

공감: 소통과 이해, 연결하는 힘

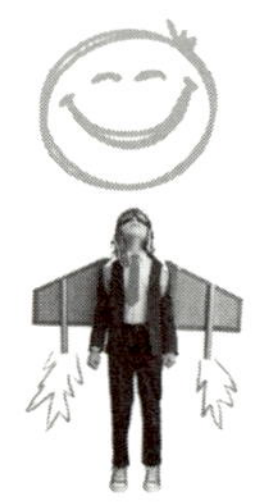

"무엇을 모르는지 아는 것이 바로 모든 것의 시작이다." 『핑(PING)』의 저자 스튜어트 에이버리 골드의 말이다. 메타인지는 모든 학습의 시작이다. 메타는 '~에 관하여'라는 뜻이고, 메타인지는 내가 인지하는 것에 대한 인지를 말한다. 즉 내가 알고 있음을 아는 것, 무엇을 모르는지를 아는 것이다.

EBS는 「학교란 무엇인가」라는 다큐멘터리 10부작 중 '0.1%의 비밀' 편에서 흥미로운 실험을 했다. 학생들에게 '연관성이 없는 25개의 단어를 3초 간격으로 보여주었다. 학생들이 기억하는 단어의 개수를 적게 한 후에 그 단어들을 적어보게 했다. 예상대로라면 당연히 상위 0.1% 학생들이 훨씬 많이 맞출 것 같았지만, 예상 외로 그룹 간에 단어를 맞춘 개수는 거의 차이가 없었다. 여기서 차이점은 0.1% 학생들은 예상 개수와 맞춘 개수가 거의 같았고, 일반 학생들은 그 차이가 크다는 점이었다. 이 실험은 기억력의 차이가 아닌 메타인지 능력의 차이를 보여준 결과이다. 메타인지력이 높은 아이들이 자신에 대해 더 정확히 알고 있다는 것이다.

공부를 잘하는 아이들은 스스로 학습을 통해 자신의 장점과 단점을 알고 있으며, 단점을 보완하기 위해 사교육을 활용했다. 우등생은 자기주도학습 시간이 긴 반면, 학원에 다니는 시간은 일반 학생들보다 짧았다. 스스로 아는 것과 모르는 것을 아는 능력은 상위 학습자와 하위 학습자를 가르는 지표였다. 우등생들은 자신의 학습 결과와 방식을 알고 있어서 사교육보다는 혼자 공부하는 시간이 길었다.

메타인지는 학습 전략에만 국한되지 않는다. 학습에 대한 이해에 치중해 자신에 대한 이해를 던져둔 아이는 학습은 물론 자신에 대한 이해도 부족한 청소년기를 보내게 된다. 대학 입학이라는 과제를 마치고 성인이 되어 무엇이든 스스로 결정할 시기가 오면 어쩔 줄 몰라 하고, 자신의 인생을 어찌 살아야 할지 타인에게 묻는다. 근본적으로 자신에 대한 이해가 부족하기 때문이다.

관계는 공감 위에 선다

나를 이해하지 못하고 나와의 대화가 서툰데 타인에 대한 이해라고 원만할 리 없다. 신입직원이 업무능력은 출중한데 공감능력이 떨어져 문제가 생기는 경우가 최근 부쩍 늘었다. 심지어 소통능력이 부족한 직원이 들어와 팀워크를 무너뜨린 경험을 한 적도 있다. 팀워크는 타인과 업무에 대한 이해를 기반으로 쌓아가는 것인데, 사람에 대한 이해가 부족하니 일이 될 리가 없다.

다니엘 핑크는 『새로운 미래가 온다』에서 새로운 시대는 하이콘셉트, 하이터치의 시대로 창의성 및 공감능력이 중요하다고 한다. 미래 인재의 조건으로 '공감'을 꼽았고 공감을 끌어내는 하이터치능력을 중시했다. 그동안 변호사나 의사, 회계사 같은 전문직 종사자들의 논리적 사고가 주목받았다면, 미래사회에서는 예술성과 창의성, 감성과 공감 등 융합능력이 주목받을 것이다. 4차 산업혁명 시대에 공감능력이 인간의 탁월한 경쟁우위가 될 것이라는 현재의 견해와 일맥상통하는 미래 예측이라 할 수 있겠다.

공감은 타인의 상황 속에서 나를 투입하여 내가 느끼는 타인에 대한 이해이다. 상대와의 소통 속에서 발생하며, 그 상대가 사람이 아니라 책일 수도 있고 미디어의 메시지일 수도 있다.

메타인지도 그러했지만, 공감은 어려서부터 부모가 키워줄 수 있는 능력이다. 학자들은 이제 1인천재의 시대는 종결되었으며, 여러 명의 천재가 머리를 맞대고 소통하고 교감해서 융합해야 하는 시대라고 정의한다.

어린 모험가들이 미래에 안착하려면, 필히 갖추어야 할 모험지능이 공감이다. 아이의 공감력을 어떻게 키워야 할지는 추후 스페셜 사례를 통해 살펴보겠다.

아이에 대해 다 안다고 확신하지 마라

아이에 대한 이해가 서툰 엄마들은 자신이 이해한 대로 아이도 느낀다고 생각한다. 그렇지 않다. 아이들이 학교라는 사회적 체제에 적응하기 시작하면 적극적으로 소통하던 유아기와 달리 침묵을 배운다. 부모의 부당하고 일방적인 이해에 대해 더 이상 저항하지 않는다. 수없는 저항과 반복된 좌절 속에서 더 이상 부모의 이해를 구하지 않는다. 자신의 세계를 부모와 공유하지 않으며, '엄마는 나를 모른다'는 자신의 세계관 속에 갇힌다. 부모가 모르는 새, 골은 점점 더 깊어진다.

행동의 이면, 마음의 소리를 이해하면 관계는 자연스럽게 형성된다. 내가 출장만 가면 딸아이가 밤새 울어 일을 할 수 없었던 적이 있었다. 도저히 내 생각으로는 알 수 없었던 아이의 내면을 이해하기 위해 전문가의 도움을 받았다. 아이와 출장길에 동행하라는 의사의 소견에 고개를 갸우뚱하며 데려갔다. 변화는 경이로웠다. 아이는 이틀간의 출장을 통해 엄마가 일을 하러 간 것이지 자신을 떠나 돌아오지 않는 게 아니라는 것을 배웠다. 그다음부터는 다른 엄마들 많이 가르쳐주고 오라며 웃으며 배웅했다.

엄마가 아이의 전부를 알고 있다는 확신은 아이에 대한 몰이해와 같은 말이다. 지금 아이에 대해 알고 있는 것이 앞으로 변할 수 있다는 점, 아직도 아이에 대해 모르는 것이 있다는 것을 인정하는 것이 첫 단계이다. 제대로 이해받아본 아이가 제대로 이해할 줄 안다. 관계는 이해 위에서 시작된다.

사례1

책 속에서 외할아버지를 만난 아이

둘째가 가장 재미있게 읽은 책은 『국제시장』이다. 아이에게 "어땠어?"라고 묻자 대답이 예상 밖이었다.

"나, 외할아버지를 이해할 수 있을 것 같아."

아이는 책 속에서 외할아버지를 봤다고 한다. 나의 아버지는 따뜻하고 여리지만 무뚝뚝하고 표현이 서툴다. 어린 나이부터 가장 노릇을 하며 동생들을 키워야 했다. 중동에서 어렵게 땀흘려 번 돈은 돌아오니 한푼도 남아 있지 않았다. 아버지가 도박으로 탕진해버린 것이다. 그길로 어린자식 셋과 아내를 데리고 빈손으로 서울에 올라와 모진 풍파를 견뎌내며 자리를 잡았다. 동생들 키우느라 학교도 제대로 마치지 못한 것이 가슴에 한이 되어 다 늦은 나이에 공부를 시작했다.

인생살이가 혹독해서 그런가, 자식들도 이해하기 힘든 잔소리 많은 노인이 되었다. 그런데 손주는 할아버지의 친구가 되어준다. 내 아버지의 가슴 먹먹한 통증을 어린 내 아들이 이해한다고 한다. 화가 나면 심한 말도 훅훅 뱉고 마는 옛날 어른들의 이야기를 들어주기 쉽지 않을 텐데, 할아버지 옆에서 소주도 따라드리고 잔잔히 맞장구도 쳐주며 옆자리를 지킨다. 늙은 내 아버지의 모진 인생을 손주가 이해한다고 하고, 시련을 견뎌낸 할아버지가 존경스럽다고 한다. 나는 10살짜리 어린 아들의 말에 눈물이 핑 돌았다.

남자아이의 늦은 공감능력에 대처하는 법

드라마를 보다가도 슬픈 장면이 나오면 엄마와 같이 눈물 흘리는 둘째. 남자아이가 눈물도 많다 싶은데 아이는 감정에 솔직하다. 이제는 자기도 남자가 되었다고 안 보이게 고개를 돌리고 주먹으로 스윽 눈물을 닦아내는 아들을 보면서 어느새 저만큼 자랐구나 싶다.

오며가며 도움이 필요한 사람들을 보면 아들은 그냥 지나치질 못한다. 학교 소풍 점심값으로 준 돈으로 노점 할머니의 떡을 한 아름 사오는 아이다. 집에서 지하철로 한 시간이 넘는 인천까지 가서 자전거 부품을 팔고 돌아오는 길에, 역 앞에서 구걸하는 할아버지가 추워 보여 부품값으로 받은 만 원을 고스란히 드리고 온다. 버스를 기다리다 만난 공원 노숙자에게 학원에서 먹을 도시락을 주고 자기는 쫄쫄 굶고 집으로 돌아온다. 주말에 만난 외할머니가 독감에 잔기침을 했으면, "엄마, 오늘은 할머니 괜찮아요? 전화라도 해보지."라며 바쁜 일정에 나도 잊어버린 할머니의 건강을 챙기는 속 깊은 아들이다.

공감능력만큼 소통도 잘하면 좋을 텐데, 친구들과의 소통은 아직 갈 길이 멀다. 아들은 학교생활도 사회생활도 편치는 않다. 한번은 동급생 친구가 창고에 가둔 후배를 꺼내주었다가 뛰쳐나온 후배가 휘두른 창고 자물쇠에 맞고 이를 제어하다 학교폭력위원회까지 연루된 적도 있다. 본인은 후배를 돕겠다고 나선 건데, 감정 제어가 서툰 후배가 욕을 하며 창고 자물쇠를 휘두르니 자기도 화가 나서 후배를 밀었다가 치료비까지 물어주었다.

억울하면 참지를 못하는 아이라 화가 나면 한없이 삐딱하다. 감정도

예민해 모든 일에 대응이 민감하다. 말로 하는 소통도 서툰 아이가 페이스북 메신저며 카톡이며 문자로 서툴게 소통하는 중에 사건이 끊임없었다. 느리고 서툴지만, 그래도 아이는 조금씩 소통하는 법을 터득해간다.

내가 믿는 것은 아이의 공감능력이다. 감정에 예민해서 다른 사람의 감정을 먼저 읽어내고 남을 배려할 줄 아는 아이이니, 시간이 걸려도 소통하는 법을 배워가리라 믿는다. 딸보다 아들 키우기가 힘들다는 엄마들의 하소연은 대부분 아들과의 공감과 소통이 쉽지 않은 게 원인이다. 시간은 걸리겠지만 아이의 마음을 읽어주고 기다려주면 된다. 다른 사람들은 그 기다림을 내어줄 여유도 준비도 없으니 아이의 소통이 온전치 못하겠지만, 기다려주는 부모의 마음을 아이가 알면 부모 자식 간에 소통이 잘된다.

사례3

공감은 서로의 노력으로 이루어진다

나는 아이만 배 아파 낳았지 모두 맡겨 키워서 육아를 제대로 못 배운 최악의 엄마였다. 아이들이 3세, 5세가 되어도 회사 일에 쫓겨 육아 무식쟁이였다. 아는 게 없는 엄마이다 보니, 아이들 장난에도 툭하면 윽박지르고, 시키는 일을 안 하면 눈물 쏙 빠지게 혼을 냈다. 화가 나거나 삐치면 통제 불가능이 되는 어린 아들을 한참 모자란 엄마가 키우다 보니, 길바닥에서 모자지간에 싸움이 난 적도 여러 번이었다. 보다 못해 지나가는 노인 한 분이 애엄마가 너무 심하다며 말린 적도 있었다.

"왜 남의 집안일에 간섭하세요?"라고 말리는 노인들에게 소리를 지르며 호의를 악의로 돌리는 지지리 못난 엄마였다. 영어 학습지가 하기 싫다고 안 하고 버티는 어린 딸에게 화가 나서 호되게 회초리를 때린 적도 있다. 아이들 마음은 읽어보려고도 안 하고, 내 말을 듣지 않으면 화내기 바빴다. 부모라는 지위를 남용하고 아이의 인격을 깡그리 무시한 제멋대로 엄마였다. 지금 생각하면 부끄러워 고개를 들 수 없는 자격 없는 엄마였다.

그랬던 내가 이제는 아이들에게 거의 화를 내지 않는다. 사실 화낼 일은 많다. 고등학생인 딸이야 이제 내 손을 거칠 일이 거의 없지만, 아들의 욱하는 성격을 보고 있노라면 화가 안 날 수가 없다. 그러나 아이의 못된 말들은 일단 못 들은 척하거나, 혼자 안방에 들어가 우선 감정을 다스린다.

일시적인 감정 폭풍이 사그러들고 아이의 감정이 잔잔해졌다고 판단되면, 그때 조용히 아이를 부른다. 아이도 안다. 화낼 일도 아닌데 화를 냈고, 자신의 행동이 잘못되었다는 것을. 그래서 엄마가 이름을 조용히 부르는 것만으로 아이는 미안해한다. 엄마가 화를 냈어야 하는데 화를 내지 않고 자신의 감정이 식을 때까지 기다려준 것을 아니까.

대화는 그때 시작된다. 엄마는 왜 그랬는지 물어보고 감정을 대신 읽어주고 엄마가 느낀 감정도 아이에게 일러준다. 대화가 시작되어 서로의 감정에 대해 공감하면, 반성을 강요하지 않아도 아이는 자연스럽게 부모에게 사과하고 용서를 구한다.

아이들의 마음을 읽고 기다리는 부모의 마음을 아이들이 다시 읽으면 화낼 일이 없다. 결국 서로가 서로의 마음을 읽으려는 노력이 먼저다. 서로에 대한 공감은 이러한 노력이 있을 때 생긴다.

시간: 느리게 가야 빨리 갈 수 있다

팀 페리스의 『타이탄의 도구들』에서는 시간에 대한 금언이 나온다. '인생은 속도가 아니라 방향이다', 느리게 가야 빠르게 갈 수 있다는 그의 말은 멈추어 생각해야 하는 이유를 정확히 설명한다.

우리는 자전거의 페달을 무조건 밟을 게 아니라, 잠시 멈추고 생각해야 한다. 정상에 오른 사람들은 그 멈춤으로 단기의 작은 이익보다 3년 후 혹은 5년 후 발생할 거대 잠재 수익원을 볼 수 있었다.

멈추어 생각하였기에 더 빨리 성공했다.

시간을 대하는 모험생의 태도

다시 미하이 칙센트미하이의 『몰입의 즐거움』으로 돌아가자. 여가생활에도 몰입이 필요하다. 우리는 돈 또는 그에 치환되는 보상을 위해 일해왔다. 일에 몰입하지 않고, 여가시간을 기다린다. 무의미하게 뒹굴거리는 여가시간에는 몰입이 발생하지 않는다.

행복과 마찬가지로 몰입은 선택이다. 몰입은 시간을 어떻게 쓰는가에 대한 한 가지 방법론에 불과하다. 시간을 아끼기 위해 '노력' 편에서 '의식적인 연습'을 언급했다. 프로와 아마추어는 의식적 노력에서 시간에 대한 태도가 갈린다고 이야기했다.

시간을 대하는 태도는 모험지능의 중요한 전제이다. 모험생들은 시간에 쫓기지 않았으나 시간을 흐르게 내버려두지 않았다. 모험지능은 시간을 대하는 모험생들의 태도를 포함한다. 그들은 일하는 시간이건 쉬는 시간이건 몰입이라는 지능적 방책을 택했다. 조금 벅찬 과제를 가지고 멀리 있는 목표로 바라보고 장기적으로 승부수를 띄웠다. 몰입은 그 과정 중에 거쳐가는 시간들에 대한 모험생들의 태도였다.

시간은 인생의 자원이지만 모험생에게는 삶의 전략이고 모험지능의 하나이다. 그들은 시간을 앞당기기 위해 멈출 줄 안다. 시간은 멈추지만 그들이 목표에 이르는 시간은 더 빠르다. 모험생들은 시간을 이용한다.

바쁘게 소비만 하는 시간은 생산성이 없다

대치동 학원가의 시간은 빠르다. 한 학기 분량을 한 달씩 끝내서 반년이면 중학교 전 과정, 1년이면 고등학교 과정까지 마스터 할 수 있다.

시간을 앞서기 위해 주말도 없이 학원에 다니는 아이들도 많다. 과고 영재학교는 물론이고 특목고나 자사고 입학 후 어느 정도 성적을 보장받으려면 2년 정도의 선행학습은 기본이다. 중학교에서 고등학교까지 6년의 시간을 1년 만에 압축하는 노력도 예전에는 상당했다.

내 아이가 특별하다고 믿지만 평균에 미달할까 부모는 늘 불안하다. 7세가 되는 아이는 초등학교 입학 전에 해야 할 일이 넘쳐서 인생에서 가장 바쁜 시기를 보내기도 한다. 입학하고 나선, 못해도 평균은 해야 한다는 부모들의 채근에 아이들은 바쁘다.

왜 이렇게들 빨리 못 달려 야단일까. 아이들의 선행전투는 사회 패러다임이 바뀌지 않았다면 어쩌면 유효한 전략이 될 수도 있다. 그러나 3차 산업혁명에서 4차 산업혁명으로 넘어가는 중이라면, 그리고 혁명의 수명이 10년이 아니라 5년에서 3년으로 급속히 짧아지고 있다면, 우리는 과연 어떤 시간 전략을 짜야 할까?

시간을 바쁘게 채우는 전략이야말로 가장 비효율적이다. 생산성 없이 시간만 바쁘게 소비하고 있다면, 지금이라도 멈춰서 생각해야 한다. 중요한 일이 급한 일에 밀리지 않도록 시간을 우선배분하는 현명한 전략을 놓쳐서는 안 된다.

시간을 아이가 끌고 가야 한다. 시간에 끌려 다녀서는 마음만 바쁘고 몸은 고단하다. 시간의 자원은 하루 24시간으로 모든 사람에게 공평하게 주어지지만, 동일한 시간에 만들어내는 생산성에서 큰 차이가 난다는 것을 아이들에게 먼저 가르쳐야 한다.

시간에 쫓기다 보니 아이들은 그 나이에 정말 해야 할 고민을 할

겨를이 없다. 어떤 일을 하며 살고 싶은지, 어떤 일을 하면 가장 행복한지, 자신이 어떤 어른이 되고 싶은지, 건강한 고민은 대학 후로 미뤄진다. 초등학교 3학년이 중학교 수학 문제집을 미리 풀고 중학생이 대학수학을 공부하며 미래를 먼저 사느라, 발 디딘 오늘을 살지 못한다. 묻고 싶다. 충실하지 못한 오늘을 사는데 미리 사는 내일이라고 충실할까? 그래서 아이들의 모험지능에 시간을 심어주는 것은 꼭 필요하다.

시간을 앞지르는 경험도 교육

한때 학원 커리큘럼에 큰 필요를 못 느끼고 학원 사각지대로 이사했다가 나중에 아이들이 장거리 버스를 타느라 고생한 적이 있다. 이사한 곳이 나름 명문 학군이어서 시간을 앞지른 선행학습도 얼마나 해야 할지 고민이 많았다. 특목고 입학을 원하는 아이를 위해 대학 입시까지 고려한 전략을 짜다보면 선행은 필수불가결했다. 가끔은 선행을 하지 않고도 좋은 결과를 내기도 한다. 불과 1년 만에 초등부터 선행한 아이를 따라가는 경우도 본 적이 있다.

하지만 시간으로 이길 수 없는 것도 있다. 영어를 아무리 잘해도, 초등학생이 대학생의 원서 강독을 이해하기 위해서는 기반 지식과 어휘 수준이 따라와야 한다. 시간도 적정한 성장의 속도를 이길 수는 없다.

그래도 시간을 이기려는 노력은 종국에 한 곳에서 만나게 되어 있다. 시간의 속도를 이긴 자의 강점은 경험이 주는 훈련의 결과이다.

시간을 이겨본 사람들은 겁이 없다. 1등을 해본 아이는 다시 일등을 한다. 백 점을 맞아본 아이는 백 점 맞는 법을 안다. 끝까지 해봤기 때문에 도전정신도 강하다. 왜 시간을 이기려 했는지 목적이 분명하고, 그래서 해냈다는 성취감을 얻었다면, 성패를 떠나 시간과의 레이스는 훌륭한 경험으로 남을 수 있다. 어떤 경험도 무의미한 것은 없다.

현명하게 게으른 엄마 밑에서 모험생은 자란다

리더의 4가지 유형 중 가장 힘든 케이스가 능력은 없는데 부지런한 경우이다. 가장 좋은 경우는? 게으른 능력자들이다. 이들은 서번트 리더십(servant leadership)을 가지고 있다고 볼 수 있다. 아랫사람들에게 권한을 주고 일을 완수할 시간을 주고 적절한 코칭으로 책임감을 부여해 사람을 육성하는 리더들이다.

나는 엄마들이 좀 게을렀으면 좋겠다. 전업주부의 시계만큼 빨리 가는 시계가 없다. 아이들보다 먼저 일어나 식사와 도시락을 준비하고, 아이들 라이딩까지 하는 엄마들은 아침이 짧다. 가사와 아이들 학업 매니징까지 분 단위로 바쁜 게 오늘날 전업주부의 일상이다. 나 역시 엄마에 학습매니저에 혼자 가사일까지 해내려면 버겁다.

하지만 주변을 단순하게 만들면 시간을 효율적으로 쓸 수 있다는 진리를 천천히 깨달아가고 있다. 단순하게 살기 위해 참 많은 물건을 버리고 정리했다. 수납장만큼의 물건만 두고 그 외의 것은 모두 나누고 기부했다. 버리고 정리하는 과정 중에 수납장은 점점 여백이 생겼다. 가사일은 가전제품에 맡겨서 시간을 저축했다. 저축된 시간에 아이들을 돌보고 일도 하고 책도 볼 수 있었다. 현명한 게으름은 시간을 선물했다.

인생의 여백이야말로 노력해야 얻을 수 있다. 공간의 여백은 물론이고 하루의 여백 또한 엄마의 현명한 전략이 필요하다. 엄마가 게을렀으면 좋겠다는 말은 중요한 일에 우선적으로 시간을 쓰자는 말이다. 그래야 아이들과 풍성하게 시간을 쓸 수 있다. 아이들이 학교에서 학원에서 돌아왔을 때, 설거지하던 고무장갑을 벗기가 참 쉽지 않다. 고무장갑을 끼고서라도 부엌을 나가자. 집에 돌아온 아이들 얼굴을 보고 미소 지어주고, 눈 한 번 맞춰주며 아이들의 고단한 하루를 읽어주는 여유를 비축하자.

시간에 끌려 다녀서는 안 된다. 엄마의 여백이 가족의 여유를 가져온다. 느슨하고 여백 있는 일상 속에서 모험생은 자란다.

Part

학교 공부보다 인생 공부가 우선이다

"여행을 떠날 각오가 되어 있는 사람만이
자기를 묶고 있는 속박에서 벗어날 수 있다."
-헤르만 헤세

특별한 아이를 왜 평균대로
키우려 하는가

그리스·로마 신화에 나오는 프로크루스테스는 지나가는 나그네를 집으로 데려와 침대에 눕히고, 침대보다 길면 다리를 자르고 짧으면 사지를 늘렸다. 안타깝게도 우리 또한 아이들에게 그런 모습일 때가 있다. 침대에 아이를 눕히고 공부와 성적으로 아이를 늘렸다 줄였다 한다. 옆집 아이보다 성적이 밀리면 화가 나고 앞집 아이보다 잘하면 더 잘하라고 채근한다. 내 아이의 좋은 점은 안 보이고 부족하고 못난 것만 보이니 프로크로스테스와 다를 바 없다. 왜 아이를 평균에 못 맞춰 그리 야단일까.

초등학생, 중학생 때는 각종 적성검사를 통해 반짝 진로탐색을 하는가 싶어도, 대학 갈 때가 되면 전공 적합성은 사라지고 학교 서열대

로 지원 순서를 정해 성적에 맞춰 보낸다. 대학에 입학하고 나면 토익
은 900점대, 학점은 4점대, 각종 자격증 시험에 스펙 쌓기가 끝이 없
다. 학교 다니는 내내 스펙이라는 평균에 목을 매고, 졸업하면 직장인
이라는 평균에 맞춰 살려고 기를 쓴다. 평균에 미달하면 실패라고 규
정짓고, 실패할까 두려워만 하다가 인생을 흘려보낸다.

내 키는 초등학교 6학년 때 이미 168cm였다. 지금 키가 175cm이
니 장신이다. 여자들이 많이 신는 6cm 힐이라도 신으면 180cm 넘는
키에 남자 못지않은 큰 체격이 된다. 그 덕에 학창시절 내내 괴물 취
급에 놀림을 받았다. 당시에는 남자아이들도 키가 그리 크지 않았기
에 체육복도 맞는 사이즈가 없어서 고생했고, 앉은키보다 훨씬 낮은
책걸상이 항상 스트레스였다.

세상이 바뀐 것은 대학에 입학할 때 즈음이었다. 대학생이 되니 키
크고 다리 긴 사람을 선호하는 세상이 되었다. 여자는 그저 아담하면
된다던 시절이 가고 모두들 큰 키를 부러워했다. 세상의 평균과 기준
도 늘었다 줄었다 하는 고무줄처럼 변한다.

우리 아이들이 어른이 되는 시점에도 기준은 완전히 달라질 것이
다. 기존 사고관을 완전히 엎어야 하는 세상이 오고 있다. 예전에 안
정적이었던 것은 지루한 것이 되었고, 사람들은 점점 자극적이고 도
발적인 것들을 선호한다. 완전한 것보다는 모호하고 불완전한 것들의
가치를 더 크게 평가하고 있다. 이제 과거의 성공 패턴과 기준을 뒤집
어 거꾸로 사는 위험을 즐거이 감수해야 한다.

아웃라이어는 스스로 기준이 된다

석박사가 즐비한 대기업에 다니다가 중소기업에 입사하니 능력 있는 고졸 직원들이 많았다. 출중한 역량과 일솜씨에 명문대 졸업자인 줄 알았다가 나중에 대학에 가지 않고 바로 일을 시작했다는 이야기를 듣고 놀란 적도 있었다. '나도 학력과 스펙에 대한 선입관을 버리지 못했구나'하고 반성했다.

고졸자로 크게 성공한 사례도 적지 않다. LG전자의 조성진 부회장은 고졸자의 신화로 불린다. BMW 코리아 김효준 사장도 OB맥주의 장인수 부회장도 대학 졸업장이 없다. 그들은 학력이 아닌 실력으로 회사에서 최고의 자리에 올랐다. 실력파 가수 아이유는 대학을 가야할 이유를 찾지 못했다고 했고, 바둑의 제왕 이세돌은 중학교 중퇴자이다. 그들 또한 학력이 아닌 실력으로 승부수를 두어 성공했다. 지인 중에 월 1억 원을 버는 영업 코치가 있는데 최종 학력은 중졸이다. 국내 명문대 졸업자는 물론이고 해외 간판 MBA 유학자들도 그에게 수업을 들으러 온다. 그는 현장에서 배웠지 학교에서 배우지 않았다고 한다.

세상이 보기에 평균 아래에 있었지만, 평균 따위는 그들에게 기준이 되지 못했다. 그들은 아웃라이어(outlier, 각 분야에서 큰 성공을 거둔 탁월한 사람)가 되어 세상의 기준이 되었다. 이제 고등학교를 졸업하면 대학에 가야 하고, 대학에 가면 대기업에 취업해야 한다는 낡은 세상의 기준을 버려야 할 때이다.

엄마가 평균을 버리면 아이는 특별해진다

무슨 일이든 야무진 두 아이 기준에서 보면, 나는 매사 좀 엉성한 사람이다. 아이들이 부탁한 것을 잊기 일쑤이고, 매일 출근할 때마다 차키와 휴대폰을 찾느라 야단이니 공부 잘한 거 맞느냐고 한다. 살림도 엉성하고 하는 일도 구멍투성이인지라 두 아이에게 나는 요주의 인물이다.

내 아이들은 부모의 학벌을 신뢰하지 않는다. 아마 최고 학벌을 가진 엄마의 구멍을 보고 자라서일지도 모른다. 부모를 신뢰하는 것은 자신을 믿어주는 태도 때문이지, 학력 때문이 아니다. 언제나 어떤 일이든, 행여 아이 마음이 다치지 않았는지부터 살피는 엄마의 마음이 신뢰의 원천이다.

지금은 공부를 다그치지 않는 엄마로 소문나 있지만, 나도 혹독하게 아이들을 잡았던 시절이 있었다. 초등학교 입학을 앞둔 우리나라 부모들은 하나같이 야단법석이다. 7세 부모를 대상으로 한 설명회가 대성황이고, 초등학교 입학 준비를 미리 끝내야 한다며 온갖 학원에 보낸다. 나도 초등학교에 가기 전에 미리 끝내야 뒤처지지 않는다며 아이를 몰아붙이던 엄마였다. 돈은 돈대로 들고, 아이가 따라오지 못하면 화내며 혼냈다. 첫아이라는 불안감에 눌려서 '잘하지는 못하더라도 평균은 해야지'라며 프로크루스테스의 침대에 아이를 눕히고 사지를 늘리느라 야단이었다.

첫째를 통해 시행착오를 크게 겪고 난 뒤, '둘째는 풀어 키운다'는 말이 무슨 뜻인지 알았다. 첫째는 무엇이든 빨리 배우고 깨쳤는데, 둘째는 7세가 되어도 한글을 몰랐다. 그래서 밤마다 아이를 품에 안고 동화책을 읽어주었다. 그런데 7세 후반이 되더니 갑자기 글자를 배우고 싶다고 했다. 여자친구 생일에 다른 애들처럼 자기도 '좋아해'라고 쓴 카드를 주고 싶다고 했다. 아이는 한글 공부를 시작한 지 3개월도 안 돼 글자를 깨쳤다. 3개월 만에 글을 뗀 아이는 집의 동화책들을 모두 읽어치우고, 나중에 글짓기대회에서 상을 타오기도 했다.

첫째 때는 기를 쓰고 세상의 평균에 맞춰 키우다가, 둘째를 키우며 풀어 키워도 때가 되면 다 알아서 배우고 터득한다는 것을 알게 되었다.

엄마가 평균을 버리면 아이는 특별해진다. 한 배에서 난 형제도 그리 다른데, 옆집 아이와 비교해서 무엇할까. 게다가 키워보니 아들과 딸은 정말 달랐다.

성장곡선은 아이마다 다르다. 어떤 아이의 성장곡선은 초기 기울기가 가파르고, 어떤 아이의 것은 후반 기울기가 수직에 가깝다. 곡선의 기울기는 아이와 부모가 함께 만들기에 더욱 소중하고 아름답다.

인생은 평균대로 진행되지 않는다. 평균은 숫자에 불과하다. 숫자에 아이를 끼워 맞추려 하지 말자. 황금 기준은 아이 안에 있다. 세상의 기준에 맞추려 하지 말고, 내 아이의 특별한 기준에 환호하자.

인생 공부가 우선이다

"엄마, 나 벽에 부딪힌 느낌이에요. 아무리 공부해도 애들을 따라갈 수가 없을 거 같아요."

중학교 입학 후 아들이 나지막이 이야기했다. 회사 근처로 이사하고 보니 공교롭게도 명문 학군이었다. 아이도 나도 초등학교 저학년, 또는 그 이전부터 맹렬하게 교과 선행을 해온 친구들을 따라가기가 쉽지 않을 것이라 짐작했다. 하지만 예상과 실제로 겪는 것은 다른 문제다. 아이 딴에는 고민도 되고 힘도 빠지는 모양이었다.

"학교에서 가르치지 않는 것들이 많단다. 공부를 못 한다고 실망할 필요 없어. 엄마는 학교에서는 항상 1등이었지만 인생은 꼭 그렇진 않더라. 그래서 학교만 믿지는 않아. 엄마는 학교보다 너를 믿는다.

네 인생인데 그 누구와 경쟁할 것도 없어. 네가 기준이야."

나는 학교에서는 내내 1등으로 살았지만, 시련을 견디는 힘이 미약했고, 실패를 해본 적이 없어서인지 다시 일어서는 것도 몇 배나 힘들었다. 나는 살아온 그대로, 느낀 그대로 충실하게 이야기했고, 나중에 아이는 내 말에 꽤 위로를 받았다고 했다.

인생에 필요한 공부는 학교에서 가르치지 않는다

명문학교에 대한 교육 투자의 가성비는 나날이 떨어지고 있다. 아이하나 키우는 데 드는 돈이 2억 원에서 6억 원이라고 한다. 나는 고등학교 때부터 장학생으로 학교를 다녔지만, 유학을 가는 바람에 다른 친구들보다 교육비를 더 많이 썼다. IMF 시절 고환율에도 불구하고 매월 송금해주셨으니, 현재처럼 월급쟁이로 돈을 벌어서는 고스펙을 만들기 위해 부모님이 투입한 투자 비용을 회수하기는 요원하다.

나는 아이의 학교와 스펙에 돈을 투자할 생각이 없다. 그만한 돈이 있다면 종잣돈을 만들어 물려주거나, 중고등학교에 다닐 동안 투자가로서 공부를 시키는 편이 가성비가 높을 것이다. 「SBS 스페셜」의 '사교육 딜레마' 편이 한동안 대한민국을 떠들썩하게 했다. 2억 원이라는 돈이 있다면, 아이가 관심이 있다는 전제 하에 포크레인 두 대를 사주는 것이 낫다는 사람도 있었다. 한 대는 아이가 직접 일해 돈을 벌고, 한 대는 임대하는 게 낫다는 이야기가 신선했다. 최근 부모들도 많이 변하고 있다. 구체적으로 어떻게 변해야 하는지 모를 뿐이다.

책을 쓰면서 인생 2막을 준비하는 전문직을 다수 만났다. 판검사는 물론이고 변호사, 의사, 회계사에 이르기까지 부모들이 가장 선호하는 전문직종 사람들이 이미 인생 후반을 준비하고 있었다.

그들과 나는 하나의 공통된 생각을 가지고 있었다. 학교 졸업장이 아이의 미래를 보장하던 공식은 더 이상 유효하지 않다는 것이다. 우리 세대의 공식은 아이들이 어른이 된 세상에서 더 이상 작동하지 않는다. 전문직 종사자들은 월급쟁이들보다 더 빠르게 미래의 위험을 감지하고 있다. 이들은 자신의 자녀들의 적성과 꿈을 찾는 데 시간을 할애하고, 모험생으로 키우려고 하고 있으며, 직접 직업과 경제에 대해 가르치고 있다. 학교는 아이들에게 미래를 위한 경제 교육을 하거나 금융 지식을 가르쳐주지 않기 때문이다. 이들의 홈스쿨링이 최근 부쩍 증가하고 있음을 재확인했다.

무엇보다 나는 아이들에게 인생에 필요한 공부를 가르치고 싶다. 학교에서 꼴등을 해도 자존감을 지킬 수 있는 법, 친구와 싸운 뒤 화해하는 법, 좋아하지 않는 친구와도 잘 지내는 법, 잘못했을 때 용서를 구하는 법, 사소하지만 인생의 중요한 디테일을 가르치고 싶다. 아이들이 좋아하는 일을 찾는 방법, 자신의 적성에 맞는 진로를 찾는 법, 인생을 미리 준비하는 법도 가르치고 싶다.

혼자 여행하는 방법이나 운동으로 건강한 몸을 만드는 법, 따뜻하게 인생을 채울 수 있는 좋은 배우자를 만나는 법, 제대로 질문할 줄 아는 현명한 부모가 되는 법, 사람들과 오해 없이 제대로 소통하는 법 등은 돈을 주고서도 배울 수 없다. 평생 시행착오를 겪으며 배워야 하는 중요한 인생 공부 아이템들이다.

인생 공부를 위한 전략부터 짜라

우리가 어떤 일을 제대로 해내려면 최소 5%의 시간은 계획을 세우는 데 써야 한다. 인생을 100세로 보면 5년은 기획하는 시간이 되어야 한다. 결코 짧지 않은 시간이다. 대부분의 사람들은 앞뒤를 재며 시작조차 못하거나, 또는 계획 없이 맹목적으로 뛰기만 한다. 멈추어 생각할 줄 알아야 한다. 잠시 멈춰서 생각하고 인생의 방향과 전략을 정비하고 그리고 나서 뛰어야 한다.

계획과 전략이 있으면 되돌아갈 위험 없이 훨씬 빠르게 목표에 도달할 수 있다. 스포츠야말로 전략과 전술의 게임이고, 공부 또한 방향을 정하고 뛰는 전략 게임이다. 나는 평생을 전략직군에서 일했으면서도, 정작 내 인생의 상당 부분은 전략 없이 살았다. 그러므로 인생 공부야말로 계획부터 세우고 상시 점검해야 한다. 아이들이 10대가 되면 부모와 함께 하는 시간은 이제 고작 10년이다. 이 시간을 차근차근 인생 전략을 짜는 데 써야 한다. 부모와 아이가 인생 공부를 어떻게 해야 할지 함께 작전을 짜는 데 써야 한다. 인생 공부는 학교 안에서 책상에 앉아 하는 공부가 아니다. 몸과 가슴으로 배우는 것이다. 바로 지금이 아이들 인생의 전략부터 논의해야 할 최적의 시간이다. 아직 늦지 않았다.

부자는 학교에서 부자 되는 법을 배우지 않았다

유태인은 아이가 13세가 되면 성인식을 하고 성년 선물로 부모와 친지들이 현금을 선물하여 종잣돈을 만들어준다. 아이는 그 종자돈을 기반으로 부모와 함께 주식, 채권, 펀드 등에 투자하여 키워간다. 18세가 되면 독립하기 위해서다. 유태인 부모들은 어려서부터 부모의 일을 돕게 하는 등 경제와 금융 교육에 노출시키며 집안 경제활동의 일원으로 키운다. "너는 알 것 없으니 공부나 열심히 해."라고 일축하는 한국의 부모들과 큰 차이가 있다.

인생을 살아가는 데 꼭 필요한 것임에도, 우리 교육이 외면하고 있는 것이 바로 경제 교육과 금융 교육이다. 『부자 아빠의 자녀 교육법』에서 로버트 기요사키는 이를 '금융IQ'라고 했다. 나는 돈머리는 젬병이었던 터라 약 2년간 집중적으로 재테크 공부를 한 적이 있다. 손에 현금을 좀 쥐고 있었지만 선뜻 투자할 수 없었다. 실제 투자의 출발은 지식이지만 끝은 리스크를 감당할 용기였다. 투자가로 살려면 배포와 배짱이 필요하다.

투자 포트폴리오가 적정 궤도에 오르기까지 시행착오를 겪으면서, 아이들의 경제 교육을 빨리 시작해야겠다고 결심했다. 대출을 받아 집을 샀을 때는 금리와 이자액을 알려주었고, 금리가 오르면 금리 상승이 우리 집안 경제에 어떤 영향을 주는지 신문을 함께 읽으며 이야기했다. 우리나라의 경제 상황에 대해 토론하기도 했다.

어려서부터 돈 관리를 해온 아이들은 은행과 증권사도 직접 다닌다. 초등학교 저학년 때부터 용돈통장부터 시작하여 지금은 사업통장도 따로 자기 명의로 만들어 직접 관리하고 있다. 예금과 적금통장을 두서너 번 갈아타면서 복리에 대해서 배웠고, 만기가 되자 이자가 지난해보다 적어졌다고 저금리 기조에 불만을 표하기도 했다. 연말이면 물가상승을 고려해 용돈을 올려달라고 협상을 해오기도 한다.

내가 만난 전문직 중에는 경제 교육과 금융 교육을 시키는 것은 물론, 아이들에게 일상에서 경제를 배울 수 있는 기회를 주는 경우가 많았다. 그러다 보니 아이들이 신문과 뉴스에서 흘러나오는 경제 뉴스에 민감하다. 해외 경제이슈와 국내 정치·경제적 사안들이 집안 경제에 어떤 영향을 끼칠지 직감적으로 묻는단다. 엔화 가치가 떨어진다는 뉴스를 듣고 자금 여력이 있으면 환투자를 해야 하지 않느냐는 아이도 있다고 한다.

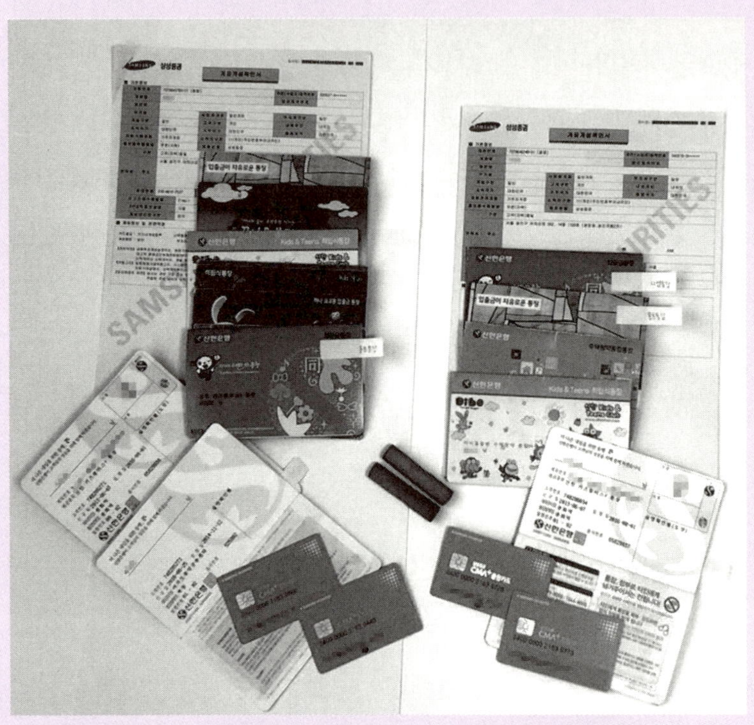

첫째와 둘째의 은행 통장과 증권사의 주식거래 통장. 아이들은 미래를 위해 돈을 모을 뿐만 아니라 꿈도 키우고 있다.

학교 1등 말고 인생 1등

아이들이 중학생이 되면 나는 아이들과 함께 의논하여 원하는 투자활동을 정하고 소정의 투자금을 지원해주었다. 경제활동을 직접 경험하게 한 것이다. 둘째의 경우 공부에서는 누나에게 밀리지만 경제활동에서는 압도적인 우위를 보이고 있다. 자전거를 직접 수리하고 업그레이드하며 써본 경험이 쌓이자, 친구나 지인들의 자전거 부품 업그레이드나 중고 자전거 구매 대행, 중고부품 수리 매매 등으로 수익을 만들었다.

둘째는 자신의 경제활동을 통해 깨지고 배우기를 반복하고 있다. 학교 친구들과의 금전거래를 엄격히 금지했음에도, 친구들의 부탁에 거래를 하다가 난감한 상황에 처하기도 했다. 이후로는 지인 간 금전거래는 철저히 내 승인 하에 내 계좌를 이용해 진행하게 했다. 한번은 고액의 자전거 휠을 매수하던 중에 사기를 당한 적도 있다. 시간이 흐르면서 거래금액이 점점 커져서 한때 성인의 수개월 치 월급에 해당하는 금액에 육박한 적도 있다. 거래 규모가 너무 크다고 판단해 거래를 중단시켰지만, 아들의 타고난 돈머리는 물론 사업자로서의 적성을 재삼 확인한 셈이다.

둘째는 공부보다 사업이 적성에 맞다. 현재는 자전거 중고부품을 유통하는 앱을 기획 중이고, 마케팅도 독학하며 어설프게나마 사업 기획을 준비하고 있다. 소액의 투자금은 고스란히 투자금통장에 넣고, 금융투자처를 고민하거나 사업에 재투자하고 있다. 미미하지만 사업자금 관리도 직접 한다. 버려지는 자전거들을 재활용할 수 없을

지 고민하며, 고등학생이 되면 사업자등록을 내고 국가에서 주는 창업자금을 받을 수 있을지도 검토 중이다.

둘째는 학교에서 가르쳐주지 않는 것들을 익히고 배우며, 차분히 미래 사업가로서의 자질을 키우고 경험을 쌓아가고 있다. 학교에서 1등을 하지는 않겠지만, 자신의 꿈속에서 자기 길을 잘 찾아갈 것이라고 믿는다.

부자는 학교에서 배우지 않았다

창업가나 사업가, 부자들은 과연 어디서 배웠을까? 그들은 학교나 학원에서 창업가나 사업가가 되는 법, 부자 되는 법을 배운 것이 아니다. 학교 바깥에서 직접 몸으로 부딪혀서 배웠다. 시험을 위한 지식이 아니라 경험에서 익힌 실제 지식을 통해 창업을 하고 사업을 일구고 부를 쌓았다.

그래서 이들은 자녀교육도 경험 지향적이다. 이들은 지식만을 위한 공부를 경계했다. 자신이 경험을 통해 배웠으므로 지식에 매몰되지 않는 경험을 신뢰했다. 그렇다고 그들이 공부를 완전히 멀리한 것은 아니다. 시험 점수나 성적을 올리기 위한 공부보다는 내가 원하는 일에 필요한 공부, 그리고 경험으로 익힌 인생 공부를 강조했다는 것이다.

신축 아파트에서만 살다가 오래된 아파트로 이사한 적이 있다. 둘째의 중학교 입학과 회사 출근거리를 고려한 최적의 위치라 이사했다. 그런데 워낙 오래된 집이라 전에는 경험하지 못했던 일들이 자주 일어났다. 극심한 주차난으로 아침마다 이중주차된 차들을 밀어야 하는 등 주차전쟁을 치러야 했고, 녹슨 물이 나와 싱크대 수도부터 샤워기까지 모두 정수장치를 하고 살았다.

이 불편한 경험이 아이들에게는 새로웠다. 아이들은 낡고 오래된 집에 살면서 그동안 당연하게 누리던 것에 감사하는 법을 배웠다. 집에 대해 처음으로 관심을 가지게 되었고, 셀프 인테리어를 하면서 집 고치는 법도 배웠다. 형광등 하나 못 가는 사람이 아니라 고쳐 쓰고 아껴 쓰는 사람으로 키우고자 했기 때문이다.

아이들이 좀 큰 후에는 주택매매 계약 자리에 동반한 적도 있다. 경매전문가가 임대사업 시 공인중개사 사무실에 아이들을 데리고 다녔다는 이야기를 들었다. 사업가나 투자가들의 대부분이 자녀의 경제교육 및 금융 교육을 매우 중시하고 있다. 집에도 가격이 있으며, 원하는 집을 사기 위해서는 돈을 쫓는 월급쟁이가 아니라 돈이 자신을 위해 일하게 하는 사업가, 투자가로 살 수 있어야 한다는 것을 가르치고 싶었기 때문이다.

부자아빠의 유산은 '부자되는 법'이다

사람들은 대부분 자유가 아니라 안정을 택한다. 아이들이 창업이 아니라 직장인을 택하는 이유는 학교에서도 집에서도 그렇게 가르쳤기 때문이다.

우리 아이들은 공부를 잘해서 좋은 학교에 입학하고, 명문대를 졸업해서 대기업에 취업해야 성공한 삶이라고 배운다. 아이가 자신이 원하는 일을 하며 원하는 삶을 살기 위해서는, 자신이 관심을 가지고 있는 사소한 어떤 것이라도 충분히 사업 기회가 될 수도 있음을 알아야 한다. 때로는 넘어질 각오를 하고 위험을 감수할 용기를 훈련시켜야 하는데, 우리는 오로지 공부나 잘하라고 가르친다. 경제 교육 및 금융 교육을 제대로 못 배운 아이들은 성인이 되어서도 사업은커녕 투자에 서툰 외발자전거를 타는 월급쟁이로 자랄 수밖에 없다.

부자들은 아이들을 학교와 학원에만 맡기지 않는다. 어려서부터 집안 경제의 일원으로 역할과 책임을 부여해 경제 주체가 될 수 있는 적절한 배움과 경험의 기회를 제공한다. 나는 실제로 집안일을 하지 않으면 용돈조차 주지 않는 부자아빠를 본 적도 있다. 하긴 거부 트럼프의 자제들도 대저택에 요리사와 가정부가 있었지만 어려서부터 직접 요리하고 가사일을 하며 자랐다고 한다.

성인이 되어 뒤늦게 경제활동을 시작하는 아이와 어려서부터 몸에 배어있는 아이는 그 출발점부터 다를 수밖에 없다. 또 자신이 정말 좋아하고 강점을 가진 일이 있을 때 이를 사업화해내는 능력도 더 발달할 수밖에 없지 않을까. 인류의 역사가 증명하듯, 급변하는 시대는 필히 기회도 준다. 변화를 두려워하고 어떻게든 피하려고만 하지 말고, 아이가 그 변화를 이용할 수 있게 키워보자. 그 바탕 중의 하나가 바로 경제 교육, 금융 교육이다.

시련을 통해 진짜 배움이 시작된다

생전 처음 듣는 병명이었다. 의사는 난치성 신장병이라고 덧붙이며 아마도 유전병일 가능성이 크다고 했다. 청천벽력이었다. 두 돌 전까지 가벼운 감기도 앓은 적이 없는 건강한 아이였는데. 그날 이후 우리 가족은 긴 투병생활을 시작했다. 시련은 그렇게 조용히 찾아왔다.

의사는 운이 좋으면 자라면서 자연치유가 될 수도 있다고 했지만 병세는 나아지지 않았다. 감염 위험이 있어 어린이집이나 유치원에 갈 수 없었다. 신장병 환자는 스테로이드 제제를 먹어야 하는데 장기간 복용할수록 부작용이 커지며, 병이 악화되면 투석을 해야 하고 마지막에는 신장이식 수술을 해야 할 것이라고도 했다.

시간이 흐르면서 병세는 악화되었고, 의사는 아이가 장애를 안고 살 수도 있다고 했다. 과연 이 시련의 끝은 있는 것일까, 나는 매일이 두려웠다.

남들과 같은 평범한 하루를 소망하다

나는 일 년 내내 하루도 쉬지 않고 돌아가는 대기업에서 회장 직속 전략부서의 간판 직원이었다. 새벽 2시에 퇴근해 옷만 갈아입고 새벽 4시에 다시 출근할 때도 있던 터였다. 악으로 버텼지만 결국 간병과 직장생활을 병행하는 것이 무리라는 판단이 섰다. 고민 끝에 사직서를 냈고, 사직서는 휴직서로 돌아왔다. 당시엔 오로지 아이를 완치시키는 것이 인생의 목표였다.

병원에서 첫째의 간병에 치중하는 사이, 둘째의 감기는 천식으로 커졌다. 첫째는 아무 음식이나 먹을 수 없어 환아식을 따로 준비해야 했고 매일 아침 첫 소변을 체크하고 밤마다 투약일지를 썼다. 둘째 아이는 호흡기를 달아주고 아침이면 아이를 등에 업고 천식 때문에 밤새 기침하느라 토한 이불들을 빨았다.

하루는 첫째 신장병 검사와 투약을 위해, 하루는 둘째 천식 치료를 위해 병원에 갔다. 둘째는 포대기에 싸매고, 유모차를 타지 않으려는 첫째는 손을 잡고 걸었다. 아이가 힘들어하면 둘째는 등에 업고 첫째는 앞에 안고, 오전에는 대학병원에 오후에는 동네 소아과에 다녔다. 첫째의 감기가 나을 만하면 둘째가 또 걸려서 집에는 병이 쉴 새 없이 돌았다.

아이 키우는 집들의 담담한 일상이 당시 내 꿈이었다. 병원을 안

가는 날도 있고, 아이들이 놀이터에서 친구들과 함께 노는 그런 평범한 하루가 소망이었다.

아이들의 병세에 차도가 없는데 1년간의 휴직 종료 시점이 다가왔다. 결국 두 번째 사직서를 썼다. 이번에는 회사에서도 반려하기 힘든 상황이었다. 나를 많이 아끼던 부서장님은 퇴직서류에 '다시 꼭 돌아와야 할 직원'이라고 적어주셨다. 서류 위로 눈물이 방울방울 떨어졌다. 그러나 뒤돌아볼 겨를이 없었다. 온통 아이들을 잘 키워야겠다는 생각뿐이었다. 아프니까 더 반듯하게 독립적으로 키워야 한다고 마음을 단단히 추슬렀다.

평생 1등으로 살아온 인생이었다. 가는 직장마다 초고속 승진을 했고 넘치는 패기와 도도함까지 겹쳐 안하무인이었다. '그리 살아서 내가 벌을 받는구나'라는 생각도 들었다. 유아독존하며 하늘을 찌를 것 같던 기세는 오간 데 없었다. 눈물이 마를 날이 없었다.

운명을 받아들이다

어느 날, 아버지가 병원으로 찾아오셨다. "이것도 네 운명이다. 받아들여라." 아버지를 배웅하고 실로 긴 밤을 보내며 결심했다.

부모가 시련을 대하는 태도가 아이의 치료와 태도에 차이를 만들 거라는 생각이 들었다. 울지 않고 아이들과 함께 더 많이 행복하기로 결심했다.

딸아이는 처음 온전히 찾은 엄마 품에서 항상 방긋거렸다. 작은 척추에 흉측스런 긴 바늘을 꽂아도 잘 울지 않았다. 하루 6시간을 맞아야 하는 주사바늘을 손발에 꽂고도 잘 놀았다.

아이는 자기가 병에 걸린 줄은 알고 있었지만, 낫지 않는다는 생각은 없었다. 작고 가녀린 몸으로 자신에게 닥친 시련의 무게를 이겨내고 있었다.

네 살이 되기 전, 혼자 글자도 깨쳤다. 처음 깨친 글자가 '약'이었다. "엄마, 약."이라고 하며 약봉투에서 '약'자를 손가락으로 짚었다. 아이는 병원에서 한 글자씩 홀로 한글을 뗐다. 엄마가 병상을 지키며 육아일기를 쓰는 동안, 병원 침대에서 종이를 놓고 꼬불꼬불 선을 그리며 글자를 썼다.

두 살에 시작한 투병생활은 초등학교에 입학하고 한참이 지나 아홉 살이 되어서야 완치 판정을 받았다. 아이가 약을 끊던 날, 나는 통곡했다. 아버지가 내 운명을 받아들이라고 하던 그날 이후 눈물을 잠그고 살았다. 아픈 아이를 키워야 하는 부모의 자리를 지키며 수년의 시련과 도전을 견뎌낸 기억에 만감이 교차했다. 혹독한 7년이었다. 시련 너머 밝은 햇살이 비치는 때가 올 거라고 믿었다. 그 믿음이 옳았다. 결국 아이는 이겨냈다.

시련은 가장 정직한 스승

성공한 인생 중에 시련 없는 인생은 없다. 좌절하고 실패하고 그러면서 다시 일어서는 게 우리네 삶이다. 다만, 시련에 임하는 우리의 태도가 시련 후의 차이를 만들 뿐이다.

한 가지는 확실하다. 우리 가족은 시련을 통해 성장했고 배웠다.

시련이 없었다면 오늘의 나는 없었다. 아픈 아이를 키우며 비로소 '엄마'가 되었다. 단언컨대, 시련은 가장 정직한 스승이다.

우리 아이들의 인생에도 시련이 올 수 있을 것이다. 아프겠지만, 회복탄력성으로 이기고 다시 일어나길 바라는 마음이 간절하다. 그리고 부모로서 그 곁을 꿋꿋이 지킬 것이다. 그러면 아이는 다시 모험생으로 우뚝 서서 자라게 될 것이다. 아이는 부모가 믿는 만큼 자란다.

인생의 멘토는 아이 옆에 있다

20년차 직장인이 되니 산전수전 안 겪어본 일이 없다. 힘든 사회생활을 버틸 수 있었던 원동력은 멘토들이었다. 신문에 이름이 오르내리는 재계 1위 멘토도 있지만, 나보다 나이 어린 멘토도 있고 한참 아래 직급을 달고 있는 멘토도 있다. 모두 나의 선생님이다. 한번 인연이 된 멘토들은 쉽게 손을 놓지 않는데, 20년이 넘은 멘토도 있다.

주변에서 '멘토를 만들기가 쉽지 않은데, 어떻게 그리 오랫동안 좋은 관계를 유지하냐'고 묻는다. 비결은 단순하다. 나는 항상 물어보고 도움을 구한다. 나의 소중한 멘토들은 그렇게 시작된 인연들이다.

멘토를 만들 기회가 없는 아이들

아이들에게 항상 강조한다. "모르면 물어봐."

둘째는 '뭐야'쟁이였다. 모든 일에 '왜'가 붙고, 모든 것에 '뭐야'가 붙었다. 질문쟁이 아들 덕에 하루 수십 개의 질문에 답을 해줘야 했다. 과할 만큼 질문에 성실하게 답하는 나를 보며 지인들이 참 피곤하게 산다고 했다. 아이들의 별의별 유치한 질문까지 꼼꼼하게 답하는 모습이 유별나 보였을 것이다.

중학생이 되더니 질문이 현저하게 줄었다. 나는 그 점이 속상하다. 왜 더 이상 궁금하지 않을까. "요즘은 왜 질문 안 해?" 아이는 "공부할 때 물어보잖아요."라며 웃었다. 물론 둘째도 내 질문의 의도를 안다.

초등학교 고학년이 되어 학원에 다니기 시작하면서, 둘째는 집에서 하는 대로 모르면 매번 손을 들고 물어봤다고 한다. 그런데 질문이 수업에 방해된다고 핀잔주는 일이 여러 차례 있었던 모양이다. 물론 학원의 입장도 이해는 된다. 둘째는 질문이 때로는 타인에게 방해가 된다는 새로운 사회규범을 배워버리자, 이제는 몰라도 넘어가는 습관이 생겼다. 아이가 사회에 길들어가고 있는 것이다.

질문은 선생님과 멘토를 만든다. 주변의 모든 사람이 아이의 선생님이 되어준다. 주변에 있는 모든 것을 알고 싶어 해야 배움이 싹튼다. 한 아이를 키우려면 마을 공동체가 나서야 한다고 했다. 예전에는 동네 어른들이 동네 아이들 모두의 어른이었다. 그런데 관계가 단절되면서 아이들에게 진짜 배울 기회가 적어지고 있다. 질문하면 타박을 받는 사회에서 침묵을 먼저 배우고 끝내 사회에 길들여진다. 침묵

하고 체념하며 학교를 다니고, 인생에 꼭 필요한 질문들조차 외면하다가 서른 되어 마흔 되어 뒤늦게 질문과 마주한다.

경험은 아이들에게 최고의 선생님이다. 그런데 요즘 아이들은 '척하는 것'만 배운다. 공부하는 척, 모르는데 아는 척, 슬픈데 슬프지 않은 척, 아이들이 진짜 삶을 배울 시간을 놓치고 있다. 어떤 경험들은 배워야 할 최적기가 있는 법인데, 그 나이에 경험해야 할 시련과 실패, 그리고 이를 딛고 일어나는 법을 연습하지 못하고 자라버린다.

공부법만 즐비하고, 공신들만 멘토가 되는 세상이다. 아이들은 공부에 쫓겨 충분히 실패와 시련을 연습할 시간은 고사하고, 인생 멘토를 만들 기회조차 갖지 못하고 있다.

열린 마음이 멘토를 부른다

핀란드 수업을 집중 기획한 모 방송사의 다큐멘터리 중 지금도 지워지지 않는 장면이 있다. 한 남자아이는 누워서 뜨개질을 하고 있고, 책상에서 책을 읽는 아이, 선생님께 질문을 하는 아이 등 우리 학교에서라면 당장 벌을 받아야 할 아이들이 교실에 가득했다. 아이들의 표정도 자유로웠지만 아이들을 바라보는 선생님의 시선도 편안했다. 내가 보고 있는 곳이 정말 학교가 맞는지 싶었다. 분명 정규 수업시간이었는데 말이다.

교육성과 측정의 연구자인 나의 관심은 성적이나 경쟁이라는 강제적 시스템 없이, 아이들의 학습역량을 끌어올리고 있는 핀란드 교사들의 자질이었다. 핀란드에서 교사는 매우 존경받는 직업이며, 고등학생 10명 중 3명은 교사를 꿈꾸지만, 실제 교사가 될 수 있는 수는 1명이다. 교사의 역량 기준도 매우 높지만, 교사가 되기 위한 수련 과정도 녹록지 않다. 여러 단계의 강도 높은 과정을 거쳐야 정식 교사가 될 수 있다. 교사들의 영향력은 절대적이며, 시험 성적과 등수와 같은 정량 지표가 없으므로, 이들의 정성평가는 아이의 성장 과정에서 가장 중요하고 영향력 있는 자료가 된다.

전 국민에게 제공되는 균질한 공교육 시스템과 함께, 역량이 풍부하고 인성이 강조되는 교사들의 맞춤 시스템은 아이들 각자에게 균형 잡힌 성장을 가능케 한다. 교사들이 한 아이의 멘토로 10년간 함께 키우는 국가적 교육 시스템이 몹시 부러웠다. 개인적으로는 핀란드 교육이 지향하는 '아이에게 강요하지 않는다'는 사상은 우리집 두 아이를 키우는 원칙에 큰 변화를 가져다주었다.

우리 아이들 곁에는 훌륭한 선생님들이 많았다. 중학교 입학 후 쉽지 않은 학교생활을 하는 아들 곁에는 늘 담임선생님이 있었다. 덕분에 안심하고 학교를 보낼 수 있었고, 아이를 부모 못지않게 이해하고 품어주는 덕분에 핀란드의 교사들 못지않은 멘토링을 받을 수 있었다.

엄마가 멘토로 제대로 섰을 때, 또 다른 멘토를 영입할 수 있다. 단순히 정보력의 문제는 아니다. 열린 마음이 열린 마음을 부른다. 엄마의 간절함이 멘토를 부른다. 유태인의 교육에서 보았듯이, 부모가 멘토로 우선 서야 한다. 그리고 부모의 부족함을 함께 채워줄 소중한 인생 멘토들과 인연을 만드는 것도 부모가 할 일이다.

부모가 멘토를 만들기도 하지만, 아이가 직접 멘토를 찾아 만들기도 한다. 둘째는 초등학교 졸업 직전 학교생활이 원만하지 않았다. 둘째의 든든한 멘토는 자전거를 통해 친분을 맺거나 학원차를 타면서 만난 학교 선배들이었다.

친구와 화해하는 법, 선생님과 잘 지내는 법, 헤어진 여자친구와 잘 지내는 법 등을 엄마가 이야기하면 잔소리가 되겠지만, 선배들은 아이의 마음을 움직이는 코칭을 해주었다. 힘든 일이 생기면 자신이 의지하는 학교 선배들에게 묻고 도와달라고 도움을 청했다.

인생에 다양한 경험으로 여러 종류의 접점을 많이 만들어주어야 멘토가 늘어날 텐데, 아이들은 학교와 학원만 오가니 멘토를 만들 기회가 없다. 아이 인생에 멘토는 많을수록 좋다. 나이가 들수록 고민의 난이도가 높아지고, 부모의 도움 없이 해결해야 할 일들이 많아지기 때문이다. 사춘기에는 친구나 선배들이 부모나 선생님 못지않은 멘토가 되어주기도 한다. 후일에는 실패의 경험들이 아이를 직접 키우는 멘토가 된다.

실패도 연습이 필요하다

나는 늘 맹렬했다. 어제보다 오늘이 나았고 거침이 없었다. 맹렬하게 일한 만큼 실패를 경험하지 못했다. 그러던 내가 연속 실패를 했다. 세 번째 회사로 옮기고는 신규 프로젝트를 맡는 족족 실패했다. 이전에 경험하지 못한 실패의 두려움과 고민으로 심하게 앓았고 식사도 제대로 할 수 없어 체중이 급격히 빠졌다.

도무지 이유를 알 수가 없었다. 실패의 원인이 나에게 있다고 생각했고, 내적 고통이 심해지면서 닥치는 대로 책을 읽기 시작했다. 그때 우연치 않게 손에 든 책이 데일 카네기의『카네기 행복론』이었다.

"당신이 120% 노력했는데도 실패한다면 그건 당신 탓이 아니다."

카네기는 이야기한다. 한계를 넘어설 정도로 노력했음에도 불구하고 실패했다면, 그건 환경의 탓이고 조직의 탓이라고.

그동안 나는 이런 말은 일 못하는 사람의 변명이라고 생각했다. 그런데 건강을 잃을 만큼 노력했는데도 실패했다. 잘못되면 그게 무엇이든 내 탓이라고 생각하고 살았다. 심지어 아이가 아픈 것도 내 탓이라고 생각했다. 그런 성격이기에 죽어라 노력해서 완벽하게 성공하려고 자신을 들들 볶고 살았다.

그런데 카네기의 조언을 만난 그날, 실패를 쿨하게 인정하는 법을 배우고서야 인생은 가벼워졌다. 그 이후로 내 입에 붙은 말이 있다. "끝까지 해보고, 그래도 안 되면 말고." 스스로 생각해서 죽어라 노력했는데도 결국 실패했다면, 그때는 깨끗이 포기하자. 그래야 실패를 털어내고 회복탄력성을 가지고 가뿐히 새로운 도전을 준비할 수 있다.

만약 내가 이런 깨달음을 얻지 못했다면, 내가 예전에 가지고 살았던 혹독한 기준을 아이들에게도 그대로 적용했을 것이다. 세상에 노력해서 안 되는 일은 없고 열심히 하지 않아서 실패하는 거라고, 아이들을 혹독하게 다그치며 키웠을 것이다.

이후로는 아이들에게 많이 실패해서 실패를 연습하는 게 좋은 것이라고 가르친다. 게임에 져도 쿨하게 인정하는 법, 실패해도 툴툴 털고 일어서는 법, 한번 실패해도 또 다시 도전할 수 있는 용기를 키워야 한다고 알려준다. 실패야말로 인생에서 가장 좋은 멘토이다.

아이들에게 실패할 기회를 주어라

"엄마한테 혼나요." "엄마가 못할 거면 아예 하지 말라고 했어요." 이런 말을 자주 하는 아이들이 있다.

우리는 아이가 실패할까봐, 먼저 나서서 실패의 기회를 걷어내버린다. 그러면 아이가 실패라는 것을 경험하지 못하고 자라게 된다. 소심하고 자신감이 없는 아이들의 경우, 그 기질의 절반은 부모가 만든 경우가 많다.

아이에게 실패할 권리를 주어야 한다. 아이 인생에서 실패는 자주, 빨리, 많아야 된다. 실패를 뒤로 미룰수록 아이는 실패를 연습할 기회가 줄어든다. 그렇게 미루다가 성인이 되어 처음 실패라는 것을 경험하면 헤어나기 힘든 경우가 많다. 작은 실패는 아이에게 선물이 된다. 실패도 놀이처럼 친해지면 무서워하지 않는다. 많이 깨져본 아이들이 실패해도 툭툭 털고 일어날 수 있다.

단, 의도치 않은 사고 때문에 아이의 인생 자체가 실패자로 낙인찍히는 경우도 어쩌다 본다. 따라서 실패를 실패로 남기지 않으려면, 부모의 세밀하고 깊은 헤아림이 필요하다. 그래야 실패가 좋은 선생님으로 남는다.

모험생의 생각법은 다르다

"네 생각은 어때?" 모험생 부모들은 아이들의 생각을 자주 묻고 의논한다. 나도 아이들에게 항상 의견을 묻는다. 우리집에서는 가족끼리 의논할 때가 많은데, 그때마다 합의가 보통 어려운 게 아니다. 다들 취향과 자기주장이 뚜렷하다 보니 외식할 식당 하나 고르는 것도 쉽지 않다.

내 기억에 최고 난제는 차를 바꿀 때였다. 서로 자기가 선호하는 차종과 브랜드, 색깔을 주장하고 나서는 바람에 결국 내가 마음먹고 셋을 설득하는 수밖에 없었다.

물론 부작용도 없지 않다. 항상 의견을 묻는 나에게 익숙해서 내가 의견을 묻지 않고 결정하면 이렇게 화를 낸다. "왜 나랑 상의 안 하고 엄마가 결정해요?" 2학년부터 중국어 수업이 시작되는지라 상담을 잡았다가, 미리 상의하지 않았으니 상담을 하지 않겠다고 해서 결국 일정을 다시 잡아야 했다.

창의력을 키우는 3번 꼬기 생각법

창의력은 문제를 고민하고 생각하고 해결하는 과정 중에 자라는 머리의 근육이지, 하늘에서 내린 재능이 아니다. 생각하고 말하고 쓰는 과정에서 세 번 꼬는 훈련을 습관화하면, 책을 읽거나 글을 쓰더라도 생각의 속도가 빨라지고 독창적인 산출물을 만들 수 있다. 나는 이것을 '3번 꼬기 연습'이라고 한다. 쉽게 말하면 3번 생각하라는 것이다.

첫 번째는 한 번 비틀어 생각하고, 두 번 비틀어 말하고, 세 번 비틀어 글을 쓰도록 훈련하는 것이다. 처음 생각한 것은 누구나 생각할 수 있는 것들이고, 두 번째 생각하는 것은 경험과 체험을 통해 고민해 나온 것들이며, 세 번째 생각하는 것이 독창적이고 창의적인 결과물이 된다.

공부만이 아니다. 요리를 할 때도 두 번, 세 번 생각하면 더 맛있는 요리가 된다. 같은 요리라도 유명 셰프들은 자신만의 독창적인 레시피로 만든다. 우리집 아이들은 아주 어려서부터 쿠키를 굽거나 김밥을 만들거나 월남쌈을 만들 때에도 자기만의 레시피가 있다. 특히 첫째의 요리는 맛도 좋지만 창의적이다.

답을 찾는 시간을 줘라

생각은 훈련된다. 아이들에게 깊은 생각을 끌어낼 수 있는 좋은 질문을 하는 것도 중요하지만, 자주 생각할 수 있도록 부모가 질문을 통해 훈련을 시켜주어야 한다. 즉, 질문하고 아이에게 시간을 주고 기다려야 한다.

그런데 이때 부모들이 꼭 잊지 말아야 할 것이 있다. 유대인의 하브루타식 교육수업을 들었다는 30대 부모와 아이를 대면 인터뷰를 한 적이 있다. 그 부모는 질문을 하는 데만 집중하고 아이가 생각할 틈을 주지 않았다. 질문하자마자 바로 답을 채근하는 모습을 보면서 절로 한숨이 나왔다. 부디 기다려주자. 아이에게 충분히 생각할 시간을 주려면 부모의 기다림이 필수다.

초등학교 고학년 학부모들을 대상으로 강의를 하면서 독서 이상으로 생각 훈련이 중요하다고 했더니, 강의 후 나를 찾아와서 "그럼, 어떤 학습지를 시키면 좋겠느냐?"는 질문을 한 분이 있었다. 사고력 수학이나 창의수학 학습지를 추천해주면 좋겠다고 했다. 그 부모를 설득하느라 시간이 많이 걸렸다.

아이의 생각도 짜 맞출 수 있을 것이라는 부모의 고정적 사고를 걷어내야 한다. 하루 시간표야 짜여 있다 치더라도 아이의 생각은 자유로워야 한다. 생각이 훈련이 되어야 머릿속에 있는 정보들을 재구성해서 최종적으로 자기만의 독창적인 콘텐츠로 만들 수 있다.

생각 훈련으로 초연결지능을 키워라

나는 여러 분야를 공부했는데, 어느 것 하나 의미 없는 공부는 없었다. 문과에서 이과로, 언어에서 공학으로, 경영학으로, 법학으로 끊임없이 공부해왔지만, 그중에 제일은 철학이었다. 대학 입학 후 원래 목표하던 외무고시를 접고 프랑스 철학에 심취해서 살았다. 왜, 어떻게, 무엇을 하고 살아야 할지 인생의 고민에 부딪혔다. 4년 내내 취업 공부는 뒷전이었고, 미셸 푸코에서 루소에 이르기까지 철학자들의 불어 원전만 읽고 지냈다.

후일 철학 공부가 큰 도움이 된 것은 오히려 취업 후 전략기획자로 일할 때였다. 컨설팅 프로젝트 외에도 전략이나 신사업개발 프로젝트들은 기획, 개발, 관리, 모니터링의 단계를 밟게 되는데 이른바 종합예술에 가깝다. 모든 단계마다 조직원, 즉 사람이 동원되는 경영이기 때문이다.

나는 대학에서 체득한 철학적 사고법이 뇌에 박혀 있고 습관화되어 있었기 때문에, 문제 파악도 빨랐지만, 문제를 정의한 후에 그에 따른 해결책이 바로 도식화되는 생각 훈련의 덕을 톡톡히 보았다. 시나리오별로 이슈와 문제, 각각 실행안의 장단점이 바로 그려져 미리 준비하고 넓게 대응할 수 있다. 덕분에 맡은 프로젝트마다 족족 성공할 수 있었다.

생각 훈련을 오랫동안 하면 생각의 속도가 빨라진다. 전략직군이 천직이 된 것도, 업무를 추진하는 방식이 창의적이라고 평가를 받는 것도 이 훈련을 쉬지 않고 해왔기 때문일 것이다.

　　4차 산업혁명에서는 IQ도 아니고 EQ도 아닌, 제7의 지능이라 불리는 초연결지능이 필수 역량이다. 아는 것들을 연결하고, 모르는 것들도 연결해야 하고, 아는 것과 모르는 것들 사이도 연결할 수 있어야 한다. 맥락을 파악하고 나면 스스로 머릿속에서 문제 혹은 이슈의 맥락을 구조화해야 한다. 항상 생각하는 훈련을 내재화하면 공부는 철저히 링크를 만들어가는 작업에 다름 아닌지라 외울 필요가 없다. 맥락을 구조화하는 작업만 숙달되면 된다.

　　그렇다면 맥락을 잡는 훈련은 어떻게 할 수 있을까? 생각보다 어렵지 않고, 아이가 공부를 할 때 약간의 방식만 바꾸면 된다. 나는 공부를 할 때면 시험범위가 아니라 책의 차례에서 시간을 한참 할애한다. 차례로 시험 주제와 범위의 골격을 세우고 아이디어맵처럼 챕터를 구조화한다. 그러고 나서 페이지마다 공부할 거리를 연결해가는 식이다. 암기해야 할 거리마다 나만의 링크를 만들면 책 페이지가 이미지로 저장된다. 이렇게 공부하면 시험시간에는 공부한 교과서가 머릿속에 통째로 나타나서 페이지만 넘겨가며 내용을 그대로 답지에 쓸 수 있는 경지에 이른다. 모든 시험을 이렇게 보았다. 맥락과 연결은 생각 훈련의 가장 기본적이고 필수적인 알고리즘이다.

　　생각 훈련은 평생을 거쳐 도움이 된다. 시험에도, 취업에도, 향후 일을 할 때도 말이다. 아이를 모험생으로 키우고 싶다면 생각 훈련을 터득시켜야 한다.

수학이 아니라 인생을 푸는 생각

사춘기가 매서운 것은 몸과 머리로 고민을 해내야 하는 시기이기 때문이다. 내가 왜 공부를 해야 하는지 알면, 하지 말라고 해도 아이들은 기어이 해낸다. 국가에서 아이들의 진로 설계를 더욱 강조하는 까닭도 공부를 해야 하는 이유를 찾으라는 것이다.

공부의 목적과 이유를 스스로 정의하려면 아이가 스스로 생각해보고 답을 구하고 찾아야 한다. 좌절도 해보고 치열하게 고민도 해봐야 한다. 수학문제, 영어문제가 아닌 자기 인생을 푸는 생각을 해야 한다.

아이들이 황금시기를 놓치지 않도록 부모가 질문을 던지고 답할 시간을 충분히 기다려주어야 한다. 아이가 인생의 문제를 풀어낼 기회를 활용하도록 격려해주어야 한다.

Part

모범생이 아니라 모험생으로 키워라

“모험은 그 어떤 불행에도 해결의 문을 열어준다.”

-미겔 데 세르반테스

모험생으로 키우는 가장 빠른 길

지금이야 거실 텔레비전이 작동하지 않지만, 한때 두 아이가 꽤나 애청했던 프로그램이 「무한도전」이다. 도전이라고 하면 「정글의 법칙」도 못지않다. 족장 김병만의 생존을 위한 발상은 어찌 그리 창의적인지 감탄을 금할 수 없다. 노력형 엔터테이너인 성실한 유재석과 달리 족장 김병만의 도전은 지독히 창의적이다. 어떻게 저런 생각을 했을까, 그의 도전은 인간적이라 매력 넘친다.

틈틈이 시간을 내어 보는 방송은 「세상을 바꾸는 시간, 15분」이다. 시련과 도전, 역경을 극복하는 지혜를 보여준다. 거창한 도전보다 진정성 있는 우리 이웃들의 도전이기에 감동이 더 큰 것 같다. 평범한 듯 평범하지 않은 그들의 공통점은 '행동했다'는 점이었다. 대부분은 기회가 와도 포기하거나 무심결에 스쳐 지나는데, 그들은 기회를 찾고 만들어 움직인 모험생들이었다.

나는 아이들이 자신만의 색깔이 담긴 도전 한 편씩으로 인생 드라마를 채워나가기 바란다. 고학력 고스펙의 포장지가 아니라 땀과 노력, 진솔한 도전의 이야기를 가득 보유한 스토리텔러가 되기 바란다.

모험생을 키우는 지름길 '여행'

'모험생으로 어떻게 키워야 하는가'라는 질문에 여러 답변을 하지만, 가장 효과 빠른 지름길은 여행이다. 일상에서 도전을 찾고 모험을 하기 어렵다면 가족 여행만큼 좋은 대안이 없다. 아이의 성향과 적성을 온전히 파악하지 못했다면 가족 여행을 떠나라. 장기간 휴가를 내기 어렵다면 주말 캠핑도 좋다. 가족들이 타지에서 함께 끼니를 준비하고 숲, 산, 강가에서 자연을 느끼며 작은 모험을 함께 할 수 있는 좋은 방법이다.

우리는 1년에 최소한 2번 이상 여행을 떠난다. 한창 자랄 무렵에는 전국을 돌며 국내 여행 위주로 했고, 전국 강연을 다닐 때는 가끔 아이들도 데리고 다녔다. 좀 더 커서는 유럽, 북미, 아시아 여러 나라도 다녔다. 중학생이 되면서 학교 일정 때문에 제약이 많아진 것이 아쉬울 따름이다.

지금은 아이들이 여행 계획을 주도한다. 아이들은 노련한 여행기획자가 되어 에어비앤비 숙소도 활용하고 교통편과 동선을 짠다.

한번은 겨울 여행지를 결정할 때였다. 첫째는 터키의 역사 유적지를 보고 싶어했고, 둘째는 가우디의 건축을 볼 수 있는 스페인을 원했다. 첫째가 터키로 가는 대신 여행 일정을 도맡겠다고 협상 카드를 내밀어 성사시켰다. 아이는 책임감 때문에 부담스러워했지만, 공부시간을 조정해가며 인터넷과 카페를 검색해서 훌륭한 일정표를 만들었다. 나는 그 일정표에 준해 숙소와 교통편을 예매하는 일만 했다.

그런데 나중에 첫째의 입시 일정과 맞아 결정을 번복해야 했다. 여행사 수수료는 물론이고 예약해지로 상당한 손해를 봐야 했지만, 나는 아무 말도 하지 않았다. 우리는 손해본 돈보다 훨씬 더 큰 것을 얻었다. 아이들이 결정은 신중하게 해야 한다는 교훈을 배웠기 때문이다.

가슴이 두근거려야 모험이다. 다음 여행에서는 어떤 모험을 할지 몹시 두근거린다. 여행만으로 이미 가족의 모험이 시작된다. 나는 여행으로 모험생을 키운다.

아이를 어른 앞에 세워라

여행을 가면 나는 아이들 뒤에 선다. 아이들이 이동 일정을 짜고 당일의 목적지를 잡고 구글맵으로 이동한다. 디지털에 능한 아이들이 현지 맛집을 찾아내고, 메뉴를 정하고 주문과 결제도 한다. 해외에 나가면 엄마의 교과서영어보다 아이들의 생존영어가 더 잘 먹힌다.

현지인들은 이런 아이들을 심상하게 받아들이는데, 놀라는 건 주로 여행에 동행한 한국인들이다. 버스표 하나를 사더라도 영어가 편한 엄마가 사면 될 것을, 아이들이 시간 걸려서 각자 줄을 서서 부모의 표도 사오게 하니 처음에는 유별나다고들 한다. 하지만 여행이 끝날 무렵이면, 다음부터는 자신들도 아이들을 부모 앞에 세워보겠다고 다짐하는 것을 많이 보았다.

미성년자라서, 혹은 아직은 어리다고 아무 결정권을 주지 않고 의견도 묻지 않는 집들을 종종 본다. 어리다고 부모가 보호하고 챙겨주기만 하면 결정을 연습할 기회는 증발된다.

우리 집은 학원도 아이들이 결정하고 자기주도적으로 일정을 조정하고 결정한다. 학원을 빼먹게 되면 학원에서는 내게 먼저 연락하지만, 대답은 항상 한결같다. "아이들과 일정 조정하시면 됩니다." 학교에서 프로젝트 수업 때문에 친구들과 함께 준비해야 하면 시간 조정도 스스로 한다.

공부만 자기주도적으로 시킬 게 아니라 일상을 그렇게 살도록 가르쳐야 한다. 일상의 작은 결정부터 경험해야 한다. 부모가 아이 앞이 아니라, 아이 뒤에 서면 아이들이 일상에서 모험할 기회는 자동으로 만들어진다.

1일 1도전 모험생의 일기

어느 날 문득 아이에게 모험심이 생길 것이라는 기대는 애초에 하지 말자. 천재의 창의력은 꾸준한 루틴, 즉 정해진 일상의 훈련에서 축적된 결과였다. 모험심은 오늘이 만드는 내일의 습관이다. 모험심을 키우려면 매일 노력하지 않으면 안 된다.

히말라야 정상을 오르고, 사하라 사막을 건너고, 알래스카를 가야 도전이 아니다. 스타트업만이 모험적이라는 것도 선입관이다. 아이의 첫 심부름을 기억하는가. 첫 심부름은 그맘때 아이에게 큰 모험이었다. 아이를 홀로 내보내는 것은 부모에게도 큰 도전이다.

첫 도전은 '심쿵'을 동반한다. 학교를 처음 가던 날도, 회사에 처음 입사하던 날도 모두 도전이었다. 미래에 우리는 매번 첫 도전을 하는 수습생이 된다. 어른이고 아이고 새로운 것, 최첨단기술로 더 빨리 변하는 사회에 적응해야 한다.

거창하고 화려한 도전만 좇을 필요 없다. 아이가 작은 도전이라도 즐긴다면 모험심은 몸과 뇌에 자연스럽게 훈련되고, 그 결과 모험생으로 자라게 된다. 1일 1도전, 하루 하나, 아이의 도전이 모험심을 키운다.

노력은 평가하지 않는다

2015년 교육 개정안에 따라 2018년부터는 수학 우열반이 강화된다. 전국 성취평가가 이루어지고 모든 학생들은 1등부터 꼴찌까지 한 줄로 서야 한다. 기준은 언제나 단일하다. 성적이 곧 서열이다. 지금의 중학교 2학년생부터는 절대평가가 전면화되고 객관식이 사라진 백퍼센트 주관식 평가들이 올라오고 있지만, 평가 자체를 폐지한 것은 아니다.

평가는 어떤 방식으로든 여전히 유효하다. 이공계 인재를 육성하기 위해 수학과 과학 과목의 평가는 오히려 강화되고 있다. 자유학기제 도입으로 중학교 1학년들은 1년에 한 번 기말고사를 본다. 대신 수행평가가 강화되어 단원평가가 상시 평가로 진행된다. 지필 시험의 횟수는 줄이더라도, 상시 평가로 수행평가와 평가 결과에 입각해 수월성을 강화한 우열반 편성은 향후 교육 방향의 대세이다.

반대로 교육 선진국들은 평가를 최소화하는 방향으로 가고 있다. 핀란드는 이미 1980년대에 평가를 폐지했으며, 16세가 되어야 시험을 본다. 그들은 최소의 평가가 최선의 결과를 창출한다고 믿는다. 평가에 관한 한, 대한민국과 핀란드는 극단적으로 다른 견해와 정책을 보이고 있다. 벌과 보상이라는 동기2.0의 보상책을 택하고 있는 대한민국, 인간은 학습지향적이라는 자발적인 내적 동기에 입각한 동기3.0의 핀란드, 두 나라는 이 차이에도 불구하고 세계의 학업평가 기준상 나란히 1, 2위를 다투고 있다.

핵심은 '왜 아이들을 평가하는가'에서 찾아야 한다. 핀란드의 교육 철학은 아이들을 모두 다른 존재로 보기에 평가할 필요가 없다고 본다. 반면 우리나라는 평가를 통해 서열을 만들고 서열에 따라 인재의 순위를 결정한다. 다르게 표현하면, 우리 아이들은 현체제에서 각자 고유의 다름을 아직 인정받지 못하고 있다.

평가할 권리는 자신에게 있다

팀 페리스는 『타이탄의 도구들』에서 이 시대의 거장들을 직접 대면 인터뷰를 하여 그들이 어떻게 성공에 이르렀는지 비법을 공개했다. 그들은 인생을 걸 목표를 찾았고, 타인과의 경쟁을 버렸다. 페리스는 실리콘밸리의 거물, 피터 틸의 목소리를 통해 다음과 같이 말한다. "경쟁에서 승리하는 것이 성공이라는 합의를 깨라, 경쟁심을 버려야 한다."

심리학의 3대 거장 중 한 명인 알프레드 아들러는 '경쟁은 타인과 하는 것이 아니라 자기와 하는 것'이라고 한다. 진짜 평가는 내 자신이 하는 것이다. 아들러 심리학을 연구한 일본의 대표 학자 기시미 이치로와 고가 후미타케가 쓴『미움받을 용기』는 모두에게 사랑받아야 하고, 모두와 잘 지내야 하는 강박관념을 내려놓으라고 한다. 타인의 평가에 구속되지 말 것, 트라우마라는 핑계를 남용하지 말 것, 지금 이 순간을 용기 있게 살 것, 이는 우리에게 가장 실천적인 리스트가 되었다.

무릇 삶은 선택이며, 선택은 용기를 수반한다. 창의인재로 살기 위해서는 용기가 필요하다. 타협해서 안 될 것들이 있다. 창의와 행복, 용기 있는 자들을 위한 선물이다.

두 아이들을 키우면서 교육관 전체가 가장 크게 요동친 것은 동기 3.0 이론과 아들러 심리학을 접하고 나서였다. 부모는 아이에게 동기를 부여할 수 없다. 동기는 아이들 스스로 내적 욕구를 찾아야 하는 과제이다.

그렇다면 부모는 어떻게 아이를 격려할 것인가? 상식선에서 고전적인 답변은 칭찬이다. 그러나 주의하자. 아들러에 따르면 칭찬도 평가이다. 아들러는 과정을 칭찬해야 한다고 말한다.

아이들은 태어나면서부터 모두가 다른 존재이기에 같은 기준으로 평가하지 말아야 한다. 따라서 내가 나 자신을 평가하는 것이 가장 공정한 평가이다. 얼마나 노력했는지는 당사자인 본인이 안다. 피겨 스케이터들은 얼음판 위에서 완벽한 점프를 선보이기 위해 수만 번 엉

덩방아를 찧으며 사투를 벌인다. 완벽하기 위해 실수를 반복하고, 실수를 메워 도약하려고 수없이 반복 연습을 한다. 그래서 평가의 권리는 자신에게 있다. 그 권리를 포기하라고 강요하는 것은 폭력이다.

절실한 노력은 배신하지 않는다. 아이들 관점에서 보면, 배신하는 것은 부모다. 자기는 노력한다고 했는데, 노력 자체를 평가받으면 아이는 노력이 배신당한 기분이 들어 포기하고 다시는 노력하지 않으려고 한다. 그러면 엄마는 '우리 아이는 재능이 없구나'라고 빨리 포기한다. 즉 악순환이 되는 것이다.

아이는 모든 일에서 초보딱지를 붙이고 시작한다. 태어나서 처음 겪는 일이 많다. 또한 7세가 되어도 17세가 되어도 해보지 않은 모든 일은 생애 첫 걸음마와 같다. 시작조차 않는 것을 경계해야지, 아이의 노력을 자로 잴 일은 아니다. 왜 노력하지 않느냐며 다그치지도 말자. 성적표를 노력과 등가의 결과로 평가하려 들지 말자.

『언어의 온도』 저자 이기주 선생은 노력을 강요하는 것은 폭력이라고 했다. 아이를 때리는 신체적 폭력만 폭력이 아니다. 말도 독약이 되고 폭력이 된다. 아이에게 노력을 강요하지 않았는지, 보이지 않는 폭력을 가하는 부모가 아니었던가 생각해볼 일이다.

사이클로이드 곡선의 지혜

"직선은 인간이 만든 것이고, 곡선은 신이 만든 것이다." 130여 년째 건축 중인 사그라다 파밀리아 성당을 설계한 안토니오 가우디의 말이다. 유태인은 아이들이 신이 내린 선물이라고 믿는다. 그래서 아이들은 직선이 아니라 곡선으로 자라는가 보다.

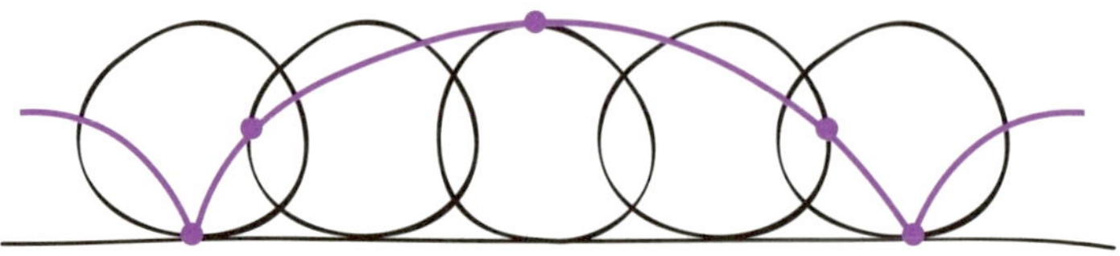

사이클로이드 곡선은 원 위에 한 점을 찍고, 그 원을 직선 위에서 굴릴 때 그 점이 그리는 곡선을 말한다. 여기서는 보라색 선이 사이클로이드 곡선이다.

미끄럼틀 위에서 작은 공 하나를 굴려보자. 이때 공이 위에서 아래로 도달하기까지 걸리는 시간을 최소화하고 싶으면 어떻게 해야 할까? 미끄럼틀이 직평면이고 기울기가 직선일 때 최단 시간이 걸릴 것으로 생각하지만, 실제 실험을 해보면 직선이 아닌 곡선일 때 시간이 최소화된다. 이를 수학적으로 증명한 것이 사이클로이드 곡선이다.

『삶의 정도』의 저자이자 저명한 경영학자인 윤석철 교수는 "사이클로이드 곡선 위에는 전반기에 운동에너지를 축적하여 후반기에 발산한다는 삶의 지혜가 있다."라고 했다. 재능 훈련을 이보다 더 잘 설명할 수는 없을 것이다. 사이클로이드 곡선은 아이의 재능 훈련에서 필연적으로 만나는 '폭발적 도약'이 자연의 이치임을 수학적으로 증명한다.

아이들의 성장과정은 사이클로이드 곡선과 유사하다. 아이들은 곡선으로 자란다. 곡선의 기울기가 아이들을 저마다의 독특한 존재로 키워낸다. 그 기울기가 달라서 가치 있다. 초보 엄마들은 아이들이 일정한 기울기를 가지고 남과 같은 속도로 성장하기를 바란다. 하지만

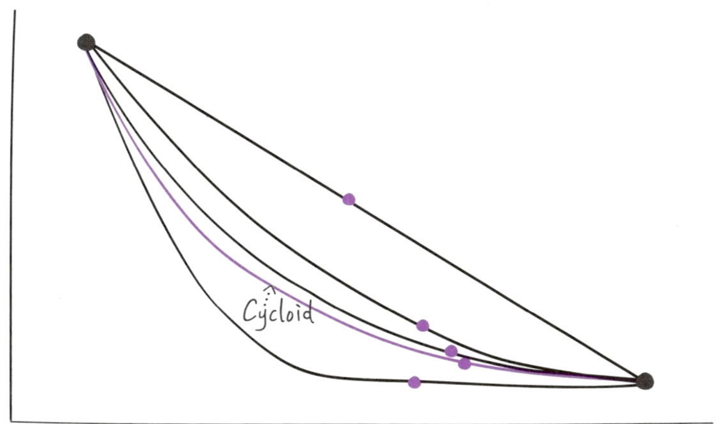

똑같은 높이에서 위와 같이 다양한 기울기로 동시에 공을 굴렸을 때 가장 빨리 내려오는 것은 사이클로이드 곡선이다.

중요한 것은 초기에 느린 속도 이후 치열한 훈련을 통해 폭발적 속도로 성장하는 속성을 이해해야 한다는 점이다. 폭발적인 도약기가 가장 중요한 변곡점이다. 고수 부모는 이 변곡점, 즉 아이의 폭발적 성장을 기다릴 줄 안다. 그래서 고수 부모들의 자질은 첫째도 둘째도 인내다.

지금의 조건에서 시작하는 힘을 키워라

우리는 모든 것을 다 갖추어야만 행복할까? 모든 것이 준비되어야 일을 시작할 수 있을까? 모험은 모든 것이 준비되었을 때 떠날 수 있을까?

할 거면 제대로 완벽히 하자는 것이 절대 나쁜 습관은 아니다. 하지만 매사에 완벽을 기하다가 시작조차 못하는 경우가 많기 때문에 문제가 된다.

스티븐 기즈는 『지금의 조건에서 시작하는 힘』에서 완벽주의를 버리라고 한다. 상황이 완벽해야 시작할 수 있다고 믿는 완벽주의자들은 자긍심이 부족하여 다른 사람들에게 완벽하다고 평가받기를 원하는 경우가 많다. 그래서 실패 후의 변명까지 미리 준비한다. 이렇게 실패를 피해가려고 애쓰는데, 어떤 일을 시작할 수 있겠는가?

모험지능의 '습관' 편에서 이야기했듯, 시작을 사소하게 만들면 여러 장점이 있다. 일단 지금 바로 시작하는 게 가능하다. 제대로 하려는 완벽주의 성향이 습관 형성의 가장 큰 장애가 된다. 어렵지만 일단 시작하는 힘, 지금의 조건에서 시작하는 힘이 결과를 가져온다. 시작이 사소하니 실패에 대한 부담과 완벽에 대한 집착을 버릴 수 있다.

엉망진창 책상을 내버려두라

완벽주의를 지양해야 하는 근거로 또 하나의 연구를 소개한다. 팀 하포드의 '메시(messy)' 이론에 따르면, '혼란과 무질서'는 우리가 꿈꾸는 성공의 토대가 된다. 조금 더 쉽게 표현하면, '일단 저지르고 본다'는 것이 중요하다. 혼란과 무질서 안에는 자율이 존재하고 자율은 창의를 끌어온다. 무계획이 놀라운 결과를 가져오고, 훌륭한 팀워크를 가져온다는 하포드의 이론은 현재의 내게도 적절했다.

나는 수년간 연구에 관련된 자료를 묶고 정리해왔지만, 한번도 모아둔 자료를 적시에 찾아낸 적이 없다. 완벽한 세팅은 언제나 내 게으름에 대한 가장 그럴싸한 변명이었다. 책을 쓰겠다고 결심한 후 6개월의 시간을 허비한 후에야 시작할 수 있었다. 일단 닥치는 대로 쓰는 것, 그것이 시작이었다. 엉망진창 속에서 오히려 생산성이 배가되는 것을 직접 체험했다.

엉망진창인 아이의 책상을 탓하지 말자. 모든 아이들이 공부를 잘하기 위해 잘 정리된 책상이 필요하지는 않다. 제대로 된 공부습관을 잡기 위해 책상을 치우고 정리하는 사이, 공부는 시작도 못할 수 있다.

작은 시작을 찾아내는 것이 공부의 시작점이다. 엉망진창을 통제하려고 들지 말자. 그조차도 시작의 일부이다. 심지어 '메시'가 생산성과 창의성을 높이는 길이라는 연구 결과도 있다. 모험생은 정리된 책상보다는 엉망진창인 방에서 길러질 가능성이 더 높다는 것으로 해석할 수 있다.

현재에 대한 만족이 시작할 용기를 준다

30대 후반의 어느 날, 왜 이렇게 우울하고 내일이 불안한지 알 수 없었다. 그래서 닥치는 대로 행복에 관한 책을 읽었다. 그중 전혀 기대하지 않은 한 권의 책이 답을 주었다. 『꾸뻬 씨의 행복 여행』이라는 책이다. '행복을 목표로 삼지 말라'는 노승의 이야기는 행복이야말로 나의 선택이라는 점을 가르쳐주었다. 나는 행복의 조건을 갖추고서도 얼마나 행복한지 몰랐다.

꾸뻬 씨를 책으로 만나고 감사하는 마음으로 하루를 시작하며, 매일 행복하기로 마음먹자 일상은 달라졌다. 엄마의 마음이 달라지자 아이들도 작은 일에 감사하고 소소한 일상에도 충족감을 느끼게 되고 따뜻한 마음을 가지게 되었다. 둘째가 7세 때, 우리 집에 오셨다가 돌아가는 외할머니에게 아이스크림을 사드시라고, 손때 묻은 용돈 5천 원을 꺼내오더니 주머니에 넣어드렸다. 어머니는 지금도 그 지폐를 코팅해서 벽에 걸어두고, 어린 손주의 마음씀씀이를 두고두고 잊지 않고 계신다.

사업 성공으로 잭팟을 터뜨린 스타트업 창업자들이 급격한 우울증에 빠진다는 연구 보고가 있다. 이는 성공 후의 행복을 목표로 했기 때문이다. 나중이 아니라 지금 행복을 누리고, 사랑에 허기를 느끼지 않아야 주변에 베풀고 나누는 기쁨을 느끼는 아이로 자랄 수 있다.

아이의 행복도 결국 엄마의 마음에 있다. 엄마라는 우주가 행복하지 않는데 아이들이 행복할 리 없다. 불행하다고 느끼는 부모와 살면서 행복할 수 있는 아이가 어디 있겠는가. 부모도 아이도 지금의 조건에 만족하고 시작할 수 있어야 한다. 어떤 상황에서도 지금 시작할 수 있는 용기가 모험생을 키운다.

천재로 키운 것은
학교가 아니라 부모다

"아이들은 모두 예술가로 태어난다. 문제는 이를 어떻게 지키느냐이다." 파블로 피카소의 명언이다. 아이를 키우면서 다시 돌아가고 싶은 시점이 있느냐고 묻는다면 아마 둘째가 7세 때 무렵이라고 답하지 싶다. 영재원 시험을 보고 영재 판정을 받았는데, 아이의 시험지를 본 영재학원장이 찾아와서 학원비를 받지 않을 테니 자기에게 맡겨달라고 했다. 수년간 학원을 다녔던 아이들도 틀리는 심화문제를 모두 풀어냈고, 무엇보다 문제를 풀어낸 방식이 매우 독특하다고 했다. 고민이 컸지만, 겨우 7세가 된 아이를 틀에 찍어내다시피 만들어내는 영재 로드맵대로 키울 생각은 없었다.

남달랐던 둘째의 학교생활은 내 걱정대로 험난했다. 계산식 하나

쓰지 않고 100점을 맞는 수학 시험지 때문에 학교에서 여러 차례 곤경에 처했다. 답만 덩그러니 있는 답안지를 보고 친구 답을 베낀 것 아니냐는 오해를 받기도 했고, 답은 맞았으나 식을 쓰지 않아 빵점을 맞아오기도 했다. 정식으로 배우지 않았으니 식을 적을 줄 몰랐고, 학교에서 배운 대로 적기는 싫다고 했다. 답이 나왔는데 굳이 식을 적을 필요가 있냐고 했다. 그렇다고 자기 머릿속에 있는 산식을 기술하면, 학교에서 가르치지 않은 방식이라고 해서 꾸중을 들었다. 둘째는 학교에 입학하고 몹시 혼란스러워했다.

다행히 초등학교 저학년까지는 노련한 담임선생님들을 만나서 사전 상담을 거치며 잘해나갈 수 있었다. 짝꿍이 실내화가 없으면 자기 실내화를 내어주는 인성을 높게 평가한 선생님들의 배려와 지원 덕분에 그래도 무탈하게 학교생활을 했다.

둘째가 다시 7세로 돌아간다면 나는 어떤 선택을 할까? 그 학원장이 제안한 영재 로드맵대로 키웠을까? 과연 그랬다면 오늘 어떤 아이로 자랐을까? 아이의 미래가 진행형인 지금도 답하기 어렵다.

모차르트는 천재로 알려져 있지만, 그의 아버지가 만든 영재 교육의 산물이라는 주장도 있다. 한 연구에 따르면, 천재 600명의 가족 이력을 조사한 결과, 그중 절반이 부모가 없거나 혹은 편부, 편모 슬하에서 자랐다. 부모를 잃은 시련과 외로움이 그들을 철저하게 몰입하게 만들어 천재가 되었다는 주장이다. 부모가 없어서 천재가 되었다는 것이 아니라, 부모의 빈자리가 아이의 인생에 얼마나 큰 시련인지를 방증하는 셈이다.

내 엄마는 책에서 손을 떼지 않았다. 학교를 마치고 집에 돌아오면 늘 책을 읽고 있었다. 눈이 몹시 나빠서 매우 두꺼운 유리알 안경을 썼다. 눈이 제대로 보이지 않을 정도였다. 지금 생각하면 그 눈으로 책을 어떻게 읽었나 싶다.

엄마는 젊은 시절, 당신의 세 아이들에게 가난만큼은 대물림하지 않으려고 억척스럽게 일했다. 이른 새벽 식당 문을 열고 자정 너머 청소를 하면서 평생 하루도 문을 닫는 날이 없었다. 엄마는 외삼촌들을 명문 대학에 보내고 자신은 하고 싶은 공부를 못해서인지 세 아이 공부만큼은 엄하게 시켰다. 초등학교 입학 후 내가 첫 상장을 받아오자, 얼마나 기뻐하던지, 없는 살림에 온 가족이 자장면을 먹으러 갔다.

매주 도서관에서 책을 서너 권씩 빌리며 화나거나 슬퍼도 책을 펴는 엄마를 보고 자란 덕분에, 나도 어려서부터 도서관에 드나들었다. 감정을 제어하기 어려우면 책을 드는 내 모습은 항상 책을 읽던 젊은 엄마의 모습을 빼다박은 듯하다.

엄마는 어린 딸이 좋아하는 책을 사주기 위해 서울 변두리 집에서 청계천까지 세 아이를 품고 먼 길을 나섰다. 가난한 형편이라 새 책을 사줄 수 없어서 중고서점가를 돌고 돌아 안데르센 전집을 골랐다. 한 손으로는 노끈으로 단단히 묶은 무거운 책 스무 권을 들고, 다른 손으로는 어린 동생의 손을 잡고 그렇게 집으로 돌아왔다. 우리 삼남매는 그 전집을 골백번은 읽었다.

엄마의 노력 덕분에 교내 백일장 상장은 모두 내 것이었다. 서울시장상은 물론 대내외 백일장에서 빠짐없이 상을 타왔다. 공부도 곧잘

하던 나는 엄마의 제일 큰 자랑이었다. 결혼 후 친정에서 엄마와 하룻밤을 보내는 날, 밤늦은 대화 중에 회한을 섞어 말씀하셨다. "내가 지금만큼만 알았더라면, 너를 더 잘 키웠을 텐데… 내가 그때는 너무 몰랐다." 나는 후회 없는 삶을 살고 있는데 엄마는 여전히 딸의 인생이 아쉬운가 보다. 엄마는 내가 가진 재능을 최선을 다해 꺼내주었고 사실 그 이상을 했다.

부모의 자리는 항상 아쉬움이 남는 자리인가 보다. 엄마인 나도 그렇고, 나를 보는 나의 엄마도 그렇다. 10년이면 아이는 부모의 품을 떠난다. 허락된 그 시간 동안 아이마다 타고난 고유의 재능을 알아보고 꽃피울 수 있도록 보듬어주는 것이 부모의 역할이다.

엄마의 평정심이 아이를 강하게 만든다

『탤런트 코드』에는 다음과 같은 구절이 있다.

그들은 자진해서 미끄러운 비탈길을 오르려 한다. 본인의 능력이 닿을락 말락한 곳까지 밀어붙인다. 당연히 망친다. 어떻게 된 일인지 망칠수록 그들은 더 나아진다.

천재들은 비탈길에서 미끄러져도 포기하지 않는다. 불안정하고 불편한 느낌을 인내하고, 정말 잘하고 싶기 때문에 못하는 상태를 기꺼이 감수하려 한다. 실수를 통해 일어설 수 있는 용기는 도전정신과 호기심을 키우고, 꿋꿋하게 한 걸음씩 전진하는 삶의 관점을 형성한다.

아이를 키우는 데 조급해하지 말고 믿고 진득하게 견디는 것이 중요하다. 특히 아들은 시간이 키우는 것이라는 어른들의 말씀은 항상 마음에 두고 새기는 말이다.

같은 맥락으로 『내 아이를 위한 감정코칭』의 저자들은 엄마의 평정심을 강조한다. 아이가 회복탄력성을 키우기 위해서는 부모가 실수를 너그럽게 받아들이는 평정심을 유지할 수 있어야 한다.

살다 보면 피할 수 없는 일들이 생긴다. 의도치 않은 시련이 오고 역경에 부딪히기도 하며, 전환점이 되는 위기가 오기도 한다. 부모가 이겨낼 수 있다고 믿어야 아이가 무너지지 않는다.

아이는 우리가 생각하는 것보다 훨씬 강한 존재이다. 폭풍을 견뎌낸 나무의 뿌리가 훨씬 더 단단한 것처럼, 아이는 믿는 만큼 더 단단하게 자란다.

자존감이 교육의 모든 것이다

최근 서점에서 양육에 참고할 만한 책들을 읽다보면 공통적인 맥락이 보인다. 저자들은 각자 다른 분야에서 다른 이야기를 하고 있는 듯하지만, 모두 '자존감'에 대해 일관된 목소리를 냈다. 가장 도움을 받은 책은 『자존감 수업』이다. 저자인 윤홍균 박사는 정신과 전문의로서 자신감, 자만심, 자존심의 차이를 명쾌히 설명한다.

자신감은 나의 능력과 과업의 난이도를 상대적으로 비교한 개념이고, 자만심은 나의 능력을 지나치게 높게 평가하거나 과업들의 난이도를 지나치게 낮게 잡을 때 생기는 마음이다. 자존심은 자존감과 연관된 감정인데, '나를 어떻게 평가하는가'에 관한 답이고 생각이다.

자신감이 부족해도 문제지만 과해도 문제다. 자신감이 과하면 자만심이 생기기 마련이다. 높여야 할 것은 자만심이 아니라 자존감이다. 자존감은 내가 나를 스스로 어떻게 평가하고 생각하는지와 관련된 감정이다. 따라서 자존감이 높은 아이들은 단단하고 끈기가 있어서 쉽게 포기하거나 단념하지 않는다. 타인에게 자신의 인생을 어떻게 살아야 할지 묻지 않는다.

부모들이 궁극적으로 목표로 삼아야 할 가치는 끈기를 넘어 자존감이다. 견디는 힘을 길러주고 끝까지 가서 결과를 볼 수 있는 근성을 키워낼 수 있어야 한다.

사고 제조의 달인 아들을 키우다 보니 나는 사과의 달인이 되었다. 어려서는 도도하고 까칠하기 이를 데 없이 자랐는데, 아이를 낳고 키우면서 "죄송합니다, 잘못했습니다, 용서해주세요."라는 말을 입에 달고 산다. 잘못한 아이의 부모에게 자존심이란 사치에 불과하다. 아이의 잘못은 전적으로 부모의 잘못이기 때문이다.

아이는 싸움이 벌어지면 욱하는 성향에 화가 나서 때리고도 남을 상황이라도, 잘못하면 사과하고 고개 숙이는 엄마의 얼굴을 생각하며 주먹을 참는다고 했다. 때로는 아이가 엄마의 자존심을 지켜준다.

자존감 높은 아이는 흔들리지 않는다

친구들이 부탁하면 거절하기 어렵다는 아이에게 거절을 연습하지 않으면 안 된다고 엄하게 가르쳐왔다. 그동안은 엄마 말이라면 잘 따르던 아이가 사고를 쳤다. 또 자전거 거래가 사단이었다. 친구들 간에 금전 거래는 안 된다는 불문율을 어긴 것이다. 엄마와의 약속도 깨가며 거래를 해주었는데, 친구가 약속을 안 지키고 연락까지 끊자 화를 참지 못하고 문자로 폭언을 퍼부은 것이다.

아이와 함께 상대 아이의 집을 찾아가서 사과하고 용서를 구했다. 다행히 아이 엄마는 같은 또래의 아들을 키우는 입장으로서 미성년자라는 점을 감안해 이해해주는 듯했다. 수십 번 사과를 하고 겨우 일어서려는 찰나였다.

아이 엄마는 당신 아이의 자전거 체인을 잘라내서 못 쓰게 만든 것도 우리 아이 아니냐, 자기 아이에게 복수하려고 한 일이 아니냐며 추궁했다. 순간, 나도 화가 나기 시작했다. 친구에게 나쁜 언어를 사용한 것은 분명 잘못이었지만, 남의 물건에 손을 대고 해코지를 할 아이는 아니었다.

아이 앞에 자전거 체인을 내놓으며 추궁하는 상대 엄마 앞에서 며칠간 참고 견디며 눌러온 감정들이 일시에 쏟아지면서 나도 무너지기 시작했다. 이럴 바에는 경찰서에 가서 법적 처벌을 구하는 편이 나을 수 있겠다는 생각에 아이 손을 잡고 일어나려던 찰나였다. 아이가 조용히 내 손을 잡았다. 그리고 봉투 속에 들어있던 체인을 꺼내 끊어진 부위를 찾아내더니, 낮은 목소리로 차근차근 설명했다.

"한동안 자전거를 타지 않았네요. 자전거 체인은 티타늄으로 만들어져 있어 일반인들이 쉽게 자를 수 없어요. 체인을 잘라낼 정도의 도구는 경찰서나 소방서 등의 공공기관에만 있는 고가의 장비입니다. 일반인은 사기 힘들어요. 여기를 보세요. 칼로 끊은 게 아니라, 체인을 연결해주는 핀 하나가 빠진 거예요. 가게에 가면 바로 수리해줄 겁니다."

아이의 손은 자전거 체인을 만지느라 배어나온 공업용 기름으로 온통 새까매져 있었다. 아이는 체인을 다시 봉투에 담아서 돌려주었다. 상대 엄마의 당황해하는 표정을 보며 아이는 자리에서 일어나 인사를 고했고, 우리 모자는 집으로 돌아왔다.

분명 내 아들이 잘못해서 일어난 일이었다. 이 아이를 어떻게 키워야 하나, 고민에 며칠간 잠을 못 잔 터였다. 자전거 체인을 끊은 게 너냐며 추궁하는 부모 앞에서 나는 감정조절을 할 수가 없었다. 그 순간에 아이는 자신과 엄마의 자존감을 지켜주었다.

아이를 키우면서 어떻게 키워야 할지 난감하고 힘든 적이 많았다. 그럴 때면 산전수전 다 겪은 노련한 선생님들께 손을 내밀고 도움을 구했다. 당신의 제자가 엄마가 되어 다시 제자의 아이를 가르치고 있는 베테랑 노장들의 조언이 이어진다.

"엄마가 힘들어도 중심을 잘 잡아야 해. 아이 자존감을 지켜줘야 무너지지 않아. 자존감을 지켜주면 잘 자랄 거야."

자존감 높은 아이는 흔들림 없이 중심을 잡고 자라서, 종국에는 부모를 지켜낸다.

인생의 나침반이 되는 5가지 질문

암 말기 진단을 받고 '내가 죽을 수도 있겠구나' 생각이 들었을 때, 나는 스스로에게 마지막 질문을 했다. 내게 남은 시간이 얼마일까? 나는 아이들에게 어떤 엄마로 남을까? 다시 살 수만 있다면, 아이들과 매순간을 소중하게 살겠다고 약속했다.

새 삶을 살 수 있는 축복을 받고, 나는 인생의 질문에 대해 본격적으로 공부했다. 하버드 교육대학의 제임스 라이언 학장이 '인생을 변화시키는 5가지 중요한 질문'이라는 주제로 졸업식 축사를 했다. 그는 인생에 핵심적인 질문을 던졌는데, 나는 이것들이 인생의 방향을 바꾸는 나침반이라고 생각한다.

1. 잠깐만요, 뭐라고요. (Wait, what?)

→ 모든 이해의 근원이다.

2. 나는 ~이 궁금한데요. (I wonder ~.)

→ 모든 호기심의 근원이다.

3. 우리가 적어도 ~할 수 있지 않을까요? (Couldn't we at least ~?)

→ 모든 진전의 시작이다.

4. 내가 어떻게 도울까요? (How can I help you?)

→ 모든 좋은 관계의 기본이다.

5. 무엇이 가장 중요한가요? (What truly matters?)

→ 삶의 핵심으로 들어가게 해준다.

인생의 방향을 바꾸는 이 질문들을 다음과 같이 아이들에게 시시때때로 묻는다. 나는 이것이 모험생을 키우는 5가지 핵심 질문이라고 생각한다.

1. "뭐라고?"

2. "엄마가 궁금해서 그러는데~"

3. "적어도 이건 너 혼자서도 할 수 있지 않을까?"

4. "무엇을 도와주면 될까?"

5. "가장 중요한 건 뭔데?"

이진혁 저자의 『아들을 잘 키운다는 것』이라는 책에서 '엄마는 아이의 나침반'이라는 말은 항상 아이의 방향을 잊지 말아야 하는 부모의 사명을 일깨워준 좋은 글귀였다. 엄마의 질문은 아이 안의 모험심을 깨울 수 있는 가장 건강한 자극이다.

아름다운 질문들, 인생을 바꾸는 질문들이 있다. 인생을 바꾸는 질문을 아이들에게 던지자. 말하지 말고 귀를 열고 아이와 눈을 맞추자. 무엇이 중요한지, 어떤 것이 궁금한지, 그리고 부모가 어떻게 도울 수 있는지, 아이의 방향에 부모의 극을 맞춰야 한다. 부모는 아이의 나침반이다.

사례1

내 인생의 중심에 서다

옆구리와 가슴 통증이 너무 심해 숨을 쉴 수가 없는 지경인데도, 나는 현장에서 강의를 하고 있었다. 일을 우선 수습하고 뒤늦게 병원에 갔더니, 의사가 유방암 말기로 보인다며 당장 대학병원에 가라며 진단서를 써주었다. 오래 아프던 첫째가 겨우 나았는데 '왜 또 나인가', 하늘이 내려앉는 기분이었다. 대학병원의 암수술 대기가 길어서 가족들이 동분서주하며 다른 병원을 알아보는 동안, 그리고 수술날짜를 기다리는 며칠 사이에 살아온 인생을 반추하게 되었다.

돌이켜보니 아이들이 아프니 낫기만 하면 된다고 생각했는데, 병이 호전되면서 어느새 공부하라고 닦달하는 엄마, 아이들이 하는 이야기는 듣지 않고 일방적으로 내 이야기만 하는 엄마가 되어 있었다. 아프니까 더 엄격하게 키워야 한다는 내 원칙이 잘못된 방향으로 흘러가고 있었는데 그조차 깨닫지 못하고 살았다. 다행히 수술은 잘되었고 최종 조직검사 결과 암은 아니었다.

수술을 마치고 집으로 돌아와 많은 것을 바꾸었다. 내가 없어도 아이들이 자립할 수 있도록, 며칠 집을 비워도 스스로 끼니 정도는 먹을 수 있도록, 엄마 손이 닿지 않아도 정갈하게 입고 학교를 갈 수 있도록 독립적으로 키우기로 마음을 바꾸었다. 아이들이 스스로 할 수 있도록 기다리지 못하고, 모든 것이 완벽해야 직성이 풀리는 슈퍼우먼 콤플렉스를 버리기로 했다.

그러고 나니 그 전에는 내 생각만 말하는 데 급급했는데, 이제는 아이들의 이야기를 먼저 들을 여유와 마음을 채울 여백, 그리고 되물을 여유가 생겼다. "그게 뭔데, 설명해봐." "그럼, 엄마가 무엇을 도와줄까?" 그리고 한마디 더했다. "정말 중요한 거라면, 해보자." 아이들과 나의 대화는 주로 질문이 되었고, 사춘기인 중학생 아이들과 교감할 수 있게 되었다.

사례2
질문이 키운 아이들의 내공

엄마의 질문에 익숙해진 아이들은 이제 나에게 질문을 되돌려준다. 최선을 다해 일했는데 내 의도와 달리 잘못되어 속상해하면 둘째가 위로를 건넨다. "엄마, 잊어버려요. 한번은 해본 걸로 된 거 아닌가. 정말 중요한 거 맞아요?"

어쩌다 퇴근 후 언짢아 있으면 이번에는 첫째가 조언을 건넨다. "기분 풀 겸 저녁에 같이 산책 갈까요?" 첫째와 나란히 산책을 다녀오면 언제 그랬냐는 듯 복잡한 감정이 가라앉는다.

아이들은 이제 엄마의 도움을 기다리는 것을 넘어서 내게 손을 내밀어준다. 인생의 질문이 아이들의 내공을 키운 셈이다.

모험생 부모로 살고자 하는
노력, 부모4.0

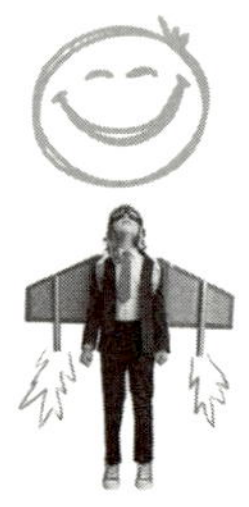

세계적인 스타트업 중에는 차고에서 씨앗을 틔운 경우가 제법 있다. 부모들이 차고를 내준 것은 자녀의 인생 목표를 함께 봤기 때문이다.

나는 둘째에게 차고가 아니라 베란다 전체를 내주었다. 덕분에 그곳은 자전거물품으로 산만하기 그지없지만, 둘째의 꿈이 무럭무럭 자라는 곳이다. 수리가 맡겨진 자전거, 찾아가는 자전거로 만원이다. 한편에는 각종 부품과 공구, 툴이 가득한 3개의 도구장이 있고, 또 한편에는 각종 자전거 거치대를 비롯한 부피 큰 물건들이 즐비하다. 베란다 공간도 모자라서 둘째의 방에도 별도의 거치대를 마련해주었다.

자전거를 타면 행복해진다는 둘째는 라이딩 구간과 여행 일정을 짜면서 자신만의 행복 비법을 만든다. 한때는 왕따로, 한때는 사고를 치면서 받은 마음의 상처를 자전거를 타면서 극복했다. 아픈 경험을 겪어봤기에 마음 아픈 사람들이 행복해지는, 사람들에게 행복한 휴식을 줄 수 있는 일들을 기획해보고 싶단다. 앞으로는 인간 대신 로봇이 힘들고 재미없는 일은 해줄 테니, 세상을 유쾌하게 즐겁게 사는 일을 하고 싶단다. 둘째는 매일이 모험이다.

대화를 이어가는 단어들을 활용하자

아이와 대화하는 방식은 정말 중요하다. 가끔 심각한 사안이 생겨 "이야기 좀 하자, 앉아봐."라고 하면, 한창 사춘기인지라 등을 돌리고 앉거나 눈을 마주치려고 하지 않을 때가 있다. 말문이 트이는 시간이 좀 지나면 마주보고 앉아 자기주장을 차근차근 펼친다. 처음이 어렵지, 물꼬를 트면 아이들이 대화를 주도해나간다.

평상시에 아이들의 지나가는 말 하나에도, 귀를 열고 몸을 기울여 들어주는 부모가 되어야 한다. 그래야 부모가 이야기를 하면 아이들도 마음을 열고 듣는다.

질문하는 방식도 중요하다. '예스', '노'라고 답을 하게 하는 단답형 질문보다 구체적인 내용을 묻는 질문이 좋다. 다음의 세 단어를 잘 활용하면 된다.

"왜"

"어떻게"

"엄마라면"

아이들과 목적성 있는 대화를 나눌 경우에는 주로 이 세 단어로 이루어진다. 학교에서 종종 친구와 싸우고 돌아오는 둘째가 전화를 해서 펄펄 뛰면 우선 아이부터 진정시킨다. 집에 오면 밥을 차려주고 옆자리에 앉아 신문을 보는 듯, 아무 일도 아닌 척 물어본다.

"왜 그렇게 된 거야?"

"어떻게 된 거야?"

"엄마라면 이렇게 했을 거 같은데, 넌 어때?"

물어봐서 들어보고 내 의견을 이야기해주고 다시 의견을 묻는다. 이렇게 하면 아이는 다시 생각하고 스스로 평가하고 자신의 행동을 교정한다. "음, 내가 심했던 거 같네. 내일 학교 가서 친구에게 미안하다고 해볼게요."

항상 아이의 입장에서 생각하고 대응하면 싸울 일이 없다. 아이들이 초등학교 고학년이 된 후 수년간 집에서 큰소리를 내본 적이 없다. 꾸중할 일이 왜 없겠는가. 화가 나서 소리 지르고 매를 들면 부모만 더 설 자리가 없다. 엄마 아빠가 자신을 존중하는 것을 알면 아이들 또한 자연히 부모를 존중한다.

스스로 해결할 수 있는 시간을 주자

"봉사를 다녀온 기관에서 봉사시간을 안 넣어주세요." "그래? 왜 그렇게 된 거야?" 첫째는 기관에 여러 번 전화하고 등록에 필요한 요건

254

도 다해주었는데, 봉사시간 입력이 한 달째 안 되고 있다는 것이었다. "엄마가 대신 전화해볼까?" 첫째는 종이에 연락처와 날짜, 상세내역 등을 모두 기록하고, 내가 전화할 내용을 정리해주었다. 자기가 할 수 있는 일은 다해보고, 그래도 해결되지 않으면 마지막에 어른의 개입이 필요할 때를 판단해 나에게 도움을 청한다.

아이들이 할 수 있는 선에서 최선을 다하게 도와는 주되, 문제가 생기면 우선 해결책을 스스로 찾을 수 있게 가이드해야 한다. 아이들이 스스로 여러 차례 시도해보고, 그래도 되지 않을 때 대안을 가지고 부모에게 도움을 청하도록 가르쳐야 한다. 스스로 해보지도 않고, 대안을 생각하고 시도해보지도 않고 부모에게 함부로 문제를 해결해달라고 던지게 해서는 안 된다. 일단 먼저 스스로 생각해보고 대안도 알아보고 그렇게 안 될 때 비로소 부모에게 도움을 요청하게 해야 한다. 부모는 대신해주는 사람이 아니라 올바른 방향으로 이끄는 멘토가 되어야 한다.

행복한 부모 밑에 행복한 아이가 자란다

『행복을 풀다』의 저자인 모 가댓은 구글의 미래 프로젝트 리더로서 신사업개발총책임자이다. 그는 돈과 명예, 모든 것을 가졌음에도 늘 불행했다. 그러다가 대학생인 아들 알리를 맹장수술 중 의료사고로 잃었다. 아들을 잃고 17일 후부터 행복에 대한 10년의 탐구를 정리해서 책을 썼다.

그의 행복 방정식은 명쾌하다. 성공한 사람은 많지만 모두가 행복하지는 않다. 중요한 건 우리가 행복할 때 진정한 성공을 할 수 있다는 것이다.

아이를 잘 키우고 싶으면 부모가 지금 행복하면 된다. 스스로 행복하지 않은데, 오늘 없던 행복이 내일 올 리 없다. 또한 우울한 부모에게서 행복한 아이가 자라기는 어려울 것이다. 모 가댓은 '행복한 아이가 성공한다'고 말한다. 그런데 아이가 성공해서 행복해지면 엄마도 행복해질 거라는 무모한 과신을 해서는 안 된다. 일상에서 엄마의 자존감이 성장할 수 있는 행복한 독립구간이 있어야 하고, 엄마가 가족 말고 혼자서도 오롯이 행복을 찾을 수 있어야 한다. 행복한 엄마가 행복한 아이를 키우기 때문이다.

결국 부모가 할 수 있는 최고의 멘토링은 스스로 좋은 부모로 살고자 하는 노력이다. 아이들에게 가르칠 필요가 없다. 책 보는 부모, 운동하며 자기관리를 하는 부모, 도전하는 부모의 모습을 보여주면 일일이 가르칠 필요 없이, 아이들이 부모의 뒷모습을 보며 따라 자라게 된다. 나 같은 경우에도, 퇴근 후 거실에서 밀린 일을 하거나 책을 읽을 때면, 아이들도 자신들의 노트북이나 책을 들고 마주앉는다.

아이를 모험생으로 키우는 가장 좋은 방법은 부모 스스로 모험생으로 사는 것이다. 부모의 삶 자체가 도전이고 모험임을 보여주면 된다.

가장 훌륭한 시는 아직 쓰이지 않았다.
가장 아름다운 노래는 아직 불리지 않았다.

최고의 날들은 아직 살지 않은 날들

가장 넓은 바다는 아직 항해되지 않았고

가장 먼 여행은 아직 끝나지 않았다

불멸의 춤은 아직 추어지지 않았으며

가장 빛나는 별은 아직 발견되지 않은 별

나짐 히크메트의 '진정한 여행'이란 시의 일부이다. 이 땅의 아이들이 부모와 함께 행복한 모험의 여정을 떠났으면 한다. 모험생을 키우는 '부모4.0'의 청명한 미래를 꿈꾼다.

모험지능을 키우는 여덟 단어 참고자료

모험지능과 그릿(GRIT)
『그릿(GRIT)』, 앤절라 더크워스, 2016, 비즈니스북스

습관
『1등의 습관』, 찰스 두히그, 2016, 알프레드
『습관의 재발견』, 스티븐 기즈, 2014, 비즈니스북스
『메시』, 팀 하포드, 2016, 위즈덤하우스
『12명 대작가들의 루틴』, 제임스 클리어, 국내 미출간
『재능의 탄생』, 베르너 지퍼, 2010, 타임북스
『운동화 신은 뇌』, 존 레이티/에릭 헤이거먼, 2009, 북섬

동기
『드라이브』, 다니엘 핑크, 2011, 청림출판
『미움받을 용기』, 기시미 이치로/고가 후미타케, 2014, 인플루엔셜
『아웃라이어』, 말콤 글래드웰, 2009, 김영사
온라인 공개 수업, KMOOC(http://www.kmooc.kr)

끈기
『회복탄력성』, 김주환, 2011, 위즈덤하우스
『그릿(GRIT)』, 엔젤라 더크워스, 2016, 비즈니스북스
육아·교육 프로그램 「60분 부모」, 오은영의 왕따대처법, EBS
『언어의 온도』, 이기주, 2016, 말글터
『자존감 수업』, 윤홍균, 2016, 심플라이프
『아들을 잘 키운다는 것』, 이진혁, 2017, 예담프렌드

몰입

『몰입(flow)』, 미하이 칙센트미하이, 2004, 한울림
『몰입의 즐거움』, 미하이 칙센트미하이, 2010, 해냄

재능

『탤런트 코드』, 대니얼 코일, 2009, 웅진지식하우스
『천재의 탄생』, 앤드루 로빈슨, 2012, 학고재
『삶의 정도』, 윤석철, 2011, 위즈덤하우스
『언어의 온도』, 이기주, 2016, 말글터

노력

『탤런트 코드』, 대니얼 코일, 2009, 웅진지식하우스
『재능은 어떻게 단련되는가?』, 제프 콜빈, 2010, 부키
『1만 시간의 재발견』, 안데르스 에릭슨/로버트 풀, 2016, 비즈니스북스
『미움받을 용기』, 기시미 이치로/고가 후미타케, 2014, 인플루엔셜
『내 아이를 위한 감정코칭』, 조벽/최성애/존 가트맨, 2011, 한국경제신문사

공감

『핑』, 스튜어트 에이버리 골드, 2006, 웅진윙스
다큐멘터리 4부작 「거꾸로교실의 마법」, KBS1
『부모라면 유대인처럼 하브루타로 교육하라』, 전성수, 2012, 예담프렌드
『유태인의 공부』, 정현모, 2011년, 새앙뿔

시간

강연 프로그램, 「세상을 바꾸는 시간, 15분」, CBS TV
『타이탄의 도구들』, 팀 페리스, 2017, 토네이도
『집안일 쉽게 하기』, 혼다 사오리, 2016, 유나
『당신은 겉보기에 노력하고 있을 뿐』, 리샹룽, 2016, 북플라자